25位名廚親自示範 × 200道擺盤樣式 × 65種技法拆解祕訣

超詳解 實用料理擺盤大全

職人必修的觀念、技法、食器運用指南

La Vie
Life Is a Design

超詳解實用料理擺盤大全
職人必修的觀念、技法、食器運用指南

CONTENTS

2-2 配色

2-3 　塑型

2-4　比例與層次

Part 3 食器選配

3-1 活用色彩的食器搭配法

3-2 特色食器搭配法

3-3 主菜與配菜分開置放的食器搭配法

3-4 不同材質的食器搭配法

Part 1

總　論

除了表現的技法，在擺盤之前，如何吸取經驗並充實自己的觀念也是一門重要的課題。

亞都麗緻集團｜總主廚

廖郁翔

擺盤的最高境界，
勿忘料理本心

在思考擺盤時，許多廚師都會從「食物」與「器皿」開始出發。但除了食物、器皿、色彩、造型、布局……等形式表現，擺盤的重點其實應該是要先回歸到主廚對於料理的基本態度。

不只是自我個性的展現

近年來，擺盤成為展現主廚個性的舞台，愈來愈多主廚，在盤飾設計中，加入自己的個性，試圖傳達料理精神。每位主廚的態度與個性大不相同，仔細觀察每道擺盤，往往都可以發現不同的趣味，也看見各自的性格。話雖如此，從餐廳實務的經驗來看，盤飾設計的個性化，有時候卻也會與食用的方便性衝突，甚至不利於外場的上菜。舉例來說，某些料理刻意堆疊出一定高度，但在食用時可能會崩塌，反而讓其中的食材散落，不易食用；有些擺盤則加入精緻繁複的布局，但卻讓外場同仁傷透腦筋，因為在送餐過程中，擺盤就被破壞了。

主廚在思考擺盤設計時，容易沉溺於個人表現，反而忽略了客人的感受，主廚應記住，擺盤不只是娛樂自己而已，外

擺盤之前的必備思考

1　味道、溫度到位是基本要求。

2　考慮客人食用的方便性與體驗。

3　變化形式之餘，也應思考如何兼顧文化底蘊。

場的伙伴並不是在遞送藝術品。主廚們應該要意識到，展現個性之餘，內外場的溝通其實非常重要，再華麗的擺盤，如果沒有辦法在顧客面前完整呈現，也是枉然。

消費者才是擺盤表現的大前提

在探索擺盤表現的創意之前，我建議主廚把重點回歸到消費者，要讓消費者感受到料理之美，並想要大快朵頤。擁有這樣的思考，才能夠跳脫器皿、色彩與食材的限制，以更全面的角度，去思考味道的搭配、食用與遞送的可能性！

牢記消費者的需求，才能周全地發想擺盤創意。譬如：溫度的改變，往往也是盤飾設計會遭遇的問題。應該維持熱度的料理，刻意表現得冷調，雖有創意，但顛覆了口味，就不是消費者可以接受的擺盤；因為擺盤而延遲出餐時間，則更是顧此失彼。除了外在的形式，主廚們也應該要去思考我們的固有文化，比方魚的料理，在年菜的概念，就是要完整的一條魚（象徵了年年有餘），如果因為擺盤，把年菜的魚給去頭去尾，某些消費者可能就會很難接受。

重點在於貼心的思考

擺盤就是一種訊息的傳遞，懂得照顧消費者的感受，才能判斷應用的技法。以「西湖醋魚」為例，中餐的表現可能是先有醬汁，在其中加入魚肉；但西餐或許會是醬汁分開擺放。背後隱含的就是兩種不同的態度，一個是「醬汁是必備的，所以魚肉與醬汁被放在一起」，另一種則是「讓客人自己選擇有醬汁或沒醬汁的不同口感」。

擺盤的技法並無對錯，但當味道、溫度都到位後，應思考如何讓顧客體驗到最完整的口味，接著再選擇合適的技法應用，更能讓料理滋味長駐於消費客的心。擺盤的美學不一定要是孔雀開屏式的花枝招展，內斂的設計有時才是最正確的判斷。如何找到最適合消費者、不干擾送餐流程，以及最適合該道料理的表現，其實需要主廚們的深刻觀察，以及更多經驗的累積！

高雄餐旅大學 餐飲廚藝科 | 專任副教授

屠國城

技法應用的基本觀念，用視覺刺激食慾

擺盤的表現相當多元，不同國情、不同文化料理也各自擁有不同的思考。但一般最常見也最基礎的技法，就是運用布局、對比、色彩以及食器應用進行表現。

構思與布局

布局就像構圖，在擺盤前可先確立自己的構想，試畫一張草圖，模擬主菜與配菜的位置；在腦海中描繪輪廓之後，接著再實際地擺盤。愈複雜的布局，就會製造愈多比例與層次的變化；但布局並不是愈複雜愈好，只要搭配得宜，簡約清爽的擺盤也能讓人印象深刻，重點在於「平衡」與「對稱」，譬如主體在中間的擺盤，可以集中擺放，或是堆疊加強立體感。而周圍用醬汁或蔬菜進行裝飾（醬汁朝向客人，以方便食用），也是一種很常見的表現形式。若料理不適合集中擺放，也可以將食材分開放置，可能是左右或對角線的擺放，最常見的就是藉由前低後高的布局，引導視覺動線。

對比與主從關係

在經營布局的同時，可以帶入對比的概

掌握擺盤基本技法

1 活用對比，增加質感與口感的變化。

2 留白、立體感的布局，應掌握視覺平衡。

3 可先從三種色彩的組合，練習配色的應用與變化。

4 擺盤的色彩與布局順應食器特色，表現上則可更為省力。

念。也可以把對比思考成一種互補，就像是前述所提到前低後高。然而，對比的表現，範圍非常廣泛，比方說軟嫩的食物，就可以搭配脆硬的食材，增加口感的變化。對比的思考也存在於造型的搭配，比如泡菜丸子，主體是圓形，這時就可以使用方盤進行對比。但要注意的是，主食與配菜之間還是需要有主從關係，不可以因為主食小，就刻意搭配過大的配菜，這樣反而會破壞料理原本的主從關係。對比的技巧也常被應用在色彩與食器的搭配，最常見的就是在食器上留白，運用食器對比層次感。

色彩

料理最重要的就是食物的品質，讓料理充滿朝氣及流動感，食用者才會安心。因此擺盤的色彩就非常重要，運用色彩說服食用者料理的鮮度與口味，才是配色的重點。通常會讓顏色繽紛鮮亮，初學者可先試著在三個顏色以內去做變化，不必太多；因為色彩多，口味就難以調和，視覺上也更難平衡。運用新鮮、色澤亮麗的蔬果，會是配色的好方法。色彩同時也是傳達口感的暗示，看見料理的多種色彩，就會激起口味的想像。比如紅色與橙色，會直覺聯想到溫暖、健康，但如果紅色太多，就會有種心跳加速的感覺，反而會減低食慾；綠色與黃色容易讓人感覺清爽、自然，但盤中若出現大量綠色，很可能就會讓人聯想到酸味。

食器應用

白盤是一般認為最容易進行擺盤的食器，因為白色容易襯托食物色彩，紅橙黃綠等色彩在白色食器上，都很容易襯托出來。此外黑盤也很好運用，很容易就能做出色彩對比。除了考量色彩，在選用食器時，也應該要依照料理本身的特性，進行判斷，像是陶製食器，就會帶有溫暖或熱的感覺；金屬器皿可以快速導熱，但某些造型現代的金屬食器，反而帶有冷冽感；岩盤具有加熱的效果；玻璃食器則有沁涼感……。舉例來說，做為主餐的熱菲力牛排，裝盛在岩盤與裝盛在透明玻璃盤上就會帶來截然不同的感受。如應用有紋飾的食器，擺盤的布局就可以順應其紋路，順應紋飾的脈動，視覺上才不會相互牴觸。理解食器的特色，就可以因應料理，選擇最合適的食器。

Long Xiong、Richie Lin、Kai Ward
（圖左至右）

擺盤的表情，
從生活揉搓料理臉孔

傳統的法式料理，因為要求精準、標準化，所以每一道料理的風格可能都長得一模一樣，但我們希望跳脫這樣的規則，不要因為標準化而限制擺盤的可能。也因此 MUME 每次擺盤的表現都不一樣，但皆呈現出自然、清新的氣質，就像樹上飄落的落葉般，簡約寧靜。

手藝焠煉風格

以西餐來說，基礎就是法式料理，就算是現在成為話題的 NOMA，裡面的主廚們也都懂法式料理，只是願不願意做而已。雖然其中又牽扯到文化與傳統等不同因素，但重點是要先學會基礎，之後才知道如何跳脫與超越。如果連基本知識都還不熟練，卻一味想著創新或改

擺盤風格的養成與變化

1　勤練基本功，才能變化多種風格。

2　多觀察各國料理，提升眼界。

3　結合食材與文化背景，更能突顯獨特定位。

變，那也只是形式上的調整，發展到一個階段後就會遇到撞牆期了。擺盤只是料理的其中一環，如果沒有花時間去練習，就不可能提升境界。只能透過不斷的練習，才能反覆烰煉出料理的口味與美感。

有志成為主廚的人，可以先確認自己投入的方向，其次就是多加練習；如有機會前往國外，也可開拓自己的眼界。像是國外的 fine dining 餐廳，幾乎都不會藏私，大部分的資料都很公開，也不會刻意保留一手。這些大廚們都不怕你學，反而樂於分享，只怕你學不完，因為他們懂得，重點在於不斷練習。

從表現看趨勢

現在是網路時代，手指動動便能輕易看見世界最新的料理表現，多觀察世界知名主廚與餐廳的料理，便能發現時下最新趨勢。而擺盤的表現，往往也會跟隨流行改變，比如前幾年很流行的分子料理，當時世界第一名的餐廳是 el Bulli，大家自然會去關注它們的料理，漸漸擴散成一種風格，而這幾年的趨勢則又回歸到自然的意象。但不論風格如

何改變，只要基本功足夠，主廚就可以選擇是要跟隨趨勢改變，或堅持自己希望的樣子。這並無所謂對錯，但前提是要有足以實踐的能力。

文化挖掘新意

料理本身就是一種文化的體現，去觀察各國料理的擺盤，會發現它們都帶有不同的特色，這就是因為擺盤的呈現，有時候也關係到食材及背後的文化。從飲食文化的角度去思考擺盤的表現，盤飾設計就可以跳脫形式主義的禁錮，並賦予更深層的文化底蘊。像台灣本土就具有許多食材與料理的故事，我自己就對原住民的傳統料理很有興趣，某些傳統食材或料理或許已經流傳近百年了，這些食物背後都隱含了文化、醫療或者是民俗的脈絡。如果可以把這些脈絡與當代的料理相結合，或許也是一個可以嘗試的方向（口述：Richie Lin）。

Part 2

畫 盤

畫盤的工具非常廣泛，只要可以做出醬汁的點與畫，各式工具亦可使用。透過擠、畫、滴灑，或是使用模具，變化各類不同的畫盤表現。

見 p36

工具

分子料理注射器

畫盤筆

篩網

醬汁瓶

畫盤變化的技巧與擠花袋作法

①分子料理注射器

在分子料理注射器的盛盤中放入欲使用的醬汁，並將分子料理注射器放置於盤面上。緩慢按壓注射器，即可形成大量圓點畫盤，如加入醬汁色彩或多寡深淺的變化，可創造出許多有趣的圖形。

見 p58

見 p50

② 手指畫盤

先以橘紅色裝飾醬擠五點做為第一朵梅花瓣，再以淺藍色裝飾醬擠五點做為第二朵梅花瓣。以手指沾取醬汁，並以點狀暈開的方式，描繪梅花瓣葉形貌，接著使用黃橙色醬汁添於中心創造蕊心意象。

③ 擠花袋作法

自製擠花袋是將烘焙紙裁剪為直角三角形，將最長邊的尖角向內捲使烘焙紙做為擠花袋造型，尾端手拿處多餘的紙角向擠花袋內折壓塑形，不至鬆開即可使用。

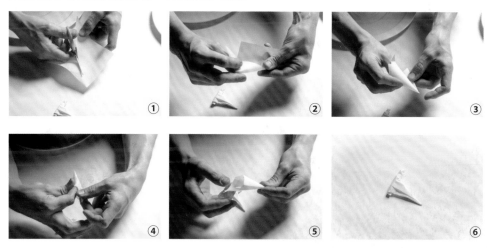

① ② ③

④ ⑤ ⑥

春櫻畫盤，
瀰漫清爽宜人的寫意氛圍

主廚　連武德
滿穗台菜

芭樂蝦鬆

擺盤中的畫盤，常使用醬汁做為表現，除了做為裝飾，也可與食材搭配食用，增加料理口味的變化性。畫盤時，建議最多佔盤面 1/2 篇幅即可，以避免搶走主菜風采。此道芭樂蝦鬆的「春櫻畫盤」以巧克力醬、奇異果醬、野莓醬，共同組成咖啡、綠、紅三種色彩元素。由於圓盤的關係，枝葉圍繞著盤面相依，描摹出半圓形優雅曲線，旁側搭配美生菜包覆蝦鬆，瀰漫清爽宜人的寫意氛圍。

材料｜美生菜、蝦仁、油條、芭樂、蛋白、芹菜珠、蔥花。

作法｜將芭樂去籽切小丁，蝦仁切小丁加調味入鍋，起鍋後瀝油備料。油條切小丁入鍋炸酥，蔥花與芹菜珠入鍋爆香瀝油與蝦仁芭樂油條一起均勻攪拌即可。

擺盤方法

首先以手指沾取小紅莓醬，以點狀暈開的方式，描繪櫻花瓣。

接著畫出簡潔俐落的枝葉線條，使用沾盛巧克力醬的尖形槽刀，畫出深色的樹枝與葉片形貌。巧克力醬較為濃稠，描繪時注意醬汁的含量與使用工具的傾斜度，即能表現出線條的彎曲及粗細變化。

主廚在此使用的是尖形槽刀；由於槽刀中的下凹處，能夠裝盛醬汁，故主廚以此進行畫盤。在畫盤時也可使用醬汁瓶、畫盤筆，或是刮刀，工具不同所表現的線條亦有所差異。

在枝葉的空缺處，擠上奇異果醬為葉片上色，並於心中加入黃色柳橙汁創造花蕊的意象。

美生菜放置時綠葉朝下，菜梗朝上，下方鮮綠與上方潤白呈現漸層美感。

最後將油條切丁置於美生菜葉內，放蝦仁跟芭樂丁，擺盤即完成。

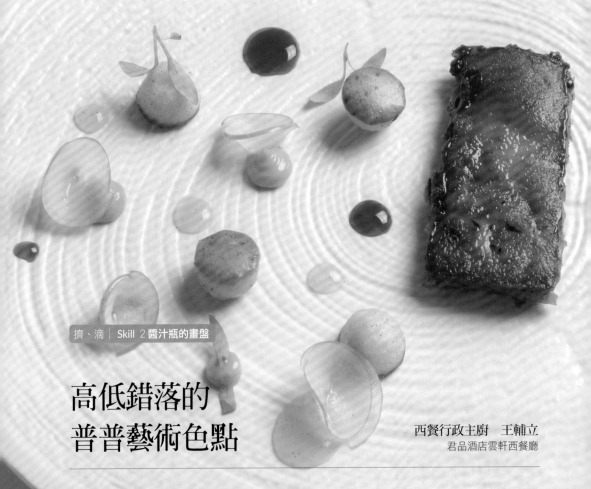

高低錯落的
普普藝術色點

西餐行政主廚　王輔立
君品酒店雲軒西餐廳

脆皮乳豬佐醃漬香草蘋果

運用多色的點狀畫盤來印襯主食，是常見的盤勢技法。
點的表現又可分出不同形體的方式，使其平躺、帶有高
度，或與其他配菜結合，在繽紛點點中加入活潑變化，
營造趣味俏皮的普普藝術氣質。

材料｜乳豬、香草、紅蘋果、青蘋果、青蘋果醬、覆盆莓醬、焦糖蘋果醬、香菜苗。

作法｜將乳豬煎至上色後，紅蘋果用香草醃製好，使用挖球器挖成小球備用，再將青蘋果切成
薄片，醬汁類裝瓶後，即可進行擺盤。

擺盤方法

選用帶有年輪紋樣的橢圓盤，於盤右側三分
之一處放上烤乳豬。

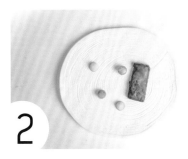

在左側留白處間隔地擺放蘋果球，讓蘋果球
上下交錯擺放，做出雙色的效果。

接著用醬汁瓶擠出青蘋果醬，瓶身與盤面垂
直指出醬汁，運用醬汁的濃稠度，最後收尾
時，輕輕上揚，讓畫盤帶出霜淇淋般的尖端。

繼續點入覆盆莓醬，因濃稠度低，故讓其以
中型點平躺方式呈現。

盤間持續間隔地點入焦糖蘋果醬，將之間保
留位置，並加入青蘋果薄片，使其向內捲曲
成漏勺型，靠依在大小醬汁旁。

於蘋果與蘋果間，交錯擠放上三種醬汁，顏
色錯落而滴。最後再盤間點綴香菜苗，強化
線條感，即完成擺盤。

以線條均衡
單一主食的分量感

副教授　屠國城
高雄餐旅大學餐飲廚藝科

蟹肉蔬菜塔

蟹肉塔本身是為單一主食,其色彩屬於深沈的橘紅色,
這道料理選擇潔白的長盤以搭配主菜,食器造型亦與主
菜相呼應;然而,盤面上所留下的大片空白,擺盤時則
使用鮮綠、黑色的畫盤線條相互平衡,花瓣上的淡紫與
鵝黃色,同時也增添了盤面的色彩豐富度,整體視覺穩
定,但又不搶走主菜的焦點。

材料｜紅椒、洋蔥碎、西芹碎、美奶滋、綠萵苣、紅酸模、綠捲鬚、青醬、巴撒米可醋、紫高麗菜苗。

作法｜將蟹肉蒸熟，挑肉，拌入美奶滋、洋蔥碎、西芹碎、鹽及胡椒調味。紅椒烤過去皮，與蟹肉一同放入長型模型堆疊，壓模後取出即告完成。

擺盤方法

使用青醬在長盤上先畫出 4～5 道長短不一的線條，畫盤時，可在線條的起點其較多醬汁，隨著醬汁瓶的拖移，拉出重到輕的線條，線條的輕重可以進行上下的變化。

接著使用巴薩米可黑醋，在線條與線條的空隙，加入黑色的筆觸。

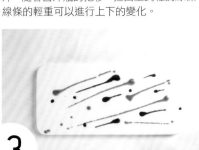

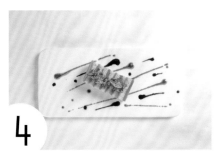

由於盤中的線條非常豐富了，因此黑醋的畫盤可以稍少，並使其線條相對短，一方面是避免畫面雜亂，另方面則是因為主食是橙色，故讓畫盤線條較多綠色，相互對比。

將蟹肉塔以傾斜的方式放置於盤面中央，讓蟹肉塔的白橙層次順應黑綠線條，並主食上方加入紫蘇花、紫高麗菜苗、酸模與綠捲鬚，累積色彩的層次。

最後將食用花、三色堇的花瓣，盛開於蟹肉塔上，在最上層以黃色突顯主菜的鮮美色澤。

(Tips) 蟹肉塔本身的高彩橙色，如單獨擺放，很可能會使擺盤顯得太過直接，而缺乏層次。因此老師加入了橙的對比色，以錯落紛亂的畫盤鋪底，與主食既有的強烈色彩相抗衡。

律動畫盤，
襯映靜物般的料理主體

主廚　徐正育
西華飯店 TOSCANA 義大利餐廳

巴羅洛酒桶木煙燻美國乾式熟成老饕牛排

為讓料理主角的靈魂——乾式熟成牛排能呈現最完美的風貌，
在牛排的處理上，依循其紋理切割、整理，讓燒烤的技術能徹
底展現於表皮及鮮嫩肉質中，不因形體不均而產生口感差異；
而主食之外的配菜櫛瓜也運用手工削切技巧，改造成小橄欖外
型。主食與配菜以靜謐的方式呈現，但加入自由活潑的畫盤，
反而能讓擺盤中加入動與靜，原始與細緻的反差。

材料｜美國乾式熟成牛排、櫛瓜、山蘿蔔葉、牛肉醬汁、海鹽、紫洋蔥、紫。

作法｜將經乾式熟成的牛排順著紋理切割為整齊的長矩形，經燒烤約三分熟後備用，將櫛瓜削如橄欖般的程形狀後與烤過的紫萼一同進行擺盤。

擺盤方法

在旁中左邊的三分之一處，以弧形的方式等距放上橄欖形狀的櫛瓜，綠皮朝上，瓜肉在下。

櫛瓜上交錯堆疊上烤過的紫萼、紫洋蔥及烘乾的山蘿蔔葉。

在滴灑畫盤時，可採用水滴型的湯匙，運用湯匙的尖端匯聚醬汁，在點漬醬汁中再帶入一些出俐落線條感。如想加入拖曳的線條，建議畫的方向可由下往上勾勒，由力度來控制所需線條的粗細與長度。

於盤中右邊的三分之一處，以滴灑的方式，淋上牛肉醬汁。需控制醬汁的量，過多的話反而會破壞擺盤的靜謐感。

最後於醬汁上堆疊牛排，海鹽即可完成擺盤。

運用畫盤，
表現奔放潑墨意境

Head Chef Long Xiong
MUME

花椰菜

爽朗的畫盤以抽象表現的方式，有著潑墨山水的自然意
境。由於使用滴灑的技法，將渾厚的起始原點集中於盤
面右側，尾部拉長的線條則集中於左側；在「右重左輕」
的鋪陳下，蔬菜的擺盤則運用「左下右上」略微傾斜的
方式，平衡視覺感受。

材料｜羅馬花椰菜、羽衣甘藍、花椰菜梗心、風乾花椰菜梗心、堅果、紫花椰菜杏仁優格醬、
金棗醬、紅蘿蔔醬、芥末。

作法｜將羅馬花椰菜烤至表面微焦，使口感更富層次。將花椰菜梗心乾燥一星期後，製成有醬
油香味的風乾花椰菜梗心。杏仁優格醬由杏仁與乳酪調配而成，而胡蘿蔔醬汁則是紅蘿
蔔汁與鮮奶油調配而成。

擺盤方法

在盤中加入胡蘿蔔醬汁的畫盤線條，以「邊傾
倒，再拖曳甩出」的方式，以潑灑的方式，運
用湯匙沾染醬汁，滴出畫盤後，再快速灑出，
形成尾部的細線。

滴灑醬汁時，移動的速度與方向便會大大地
影響畫盤生成的造型，過慢可能會使醬汁的
收尾不夠俐落，太快則會無法帶出線條的粗
細差異，因此在實作時可多次嘗試。

完成兩道間隔交錯的胡蘿蔔醬汁畫盤後，在
兩道醬汁中間，加入一到亮白的杏仁優格醬
畫盤，畫盤尾部的細線可以帶入些許傾斜或
點漬的變化，畫盤帶有點線面的抽象趣逸。

確定畫盤的布局後，在線條的區間，放入花
椰菜的梗心與羅馬花椰菜。

將花椰菜以大小錯落的方式，羅列為「左下
右上」微略傾斜的直線區間，並在空隙添入
風乾花椰菜梗心、羽衣甘藍、堅果與紫花椰
菜，並點入金棗醬，豐富色彩。

最後在盤飾中磨上些許新鮮芥末，擺盤即告
完成。

Tips　由於醬汁是抽象畫盤重點，建議
選擇弧度平整的盤子；若盤面傾
斜，醬汁又較為淡稀，那麼畫盤
就容易暈散不易維持。

朦朧清淡的油點趣味

主廚　林顯威
晶華酒店 azie grand cafe

農場番茄、番茄湯、蘿勒油、干貝

此料理利用番茄本身的自然豐美，將其依大小及顏色相錯放置，保留番茄的蒂頭呈現新鮮原始，並以綠、黃、橘、紫、紅等亮色營造田園氣息。而擺盤中的畫龍點睛之處，便在於鮮綠蘿勒油的點狀畫盤，透過色點的加入，變化出湯面上的視覺變化；此外，食材的集中擺盤，並浮出湯面，也讓此道擺盤映襯出如岸邊倒映的蔬湖果漾。

材料｜綠葡萄番茄、羅馬番茄等、醃漬番茄、紅紫蘇葉、豆苗、風乾番茄、雪豆苗、片狀鹽。

作法｜將各式番茄整形切好，即可進行擺盤。

擺盤方法

1

依照各番茄的大小整切，大型番茄可切成一顆六片；小型番茄可對切。

2

橫、縱切均可，透過各式不同的剖面，呈現番茄原始的紋理。

3

將多種綜合番茄以堆疊的方式擺放於右半邊，大的番茄置於下方，再加上其他小顆的剖面番茄。

4

利用番茄間的高低差，放上干貝片，注意顏色需錯落交放，再於空隙與表面裝飾紅紫蘇葉、風乾番茄與雪豆苗後可從旁倒入番茄湯，湯的高度約佔食器的 1/4 深即可。

5

以湯匙，裝盛羅勒油，並緩緩滴入湯面中；滴油時需注意湯匙勿盛裝過多液體，避免畫盤時讓圓點過大而失去美感，圓點可大小相間，交錯出豐富的視覺效果，以大小圓點變化湯面。

6

最後於番茄上放上片狀鹽，即完成擺盤。

模板製造畫盤造型，
交錯幾何與色彩新意

主廚　楊佑聖
南木町

低溫分子櫻桃鴨

為搭配食器原有的圓形及正方形，以三角形的構想與食器一
起玩幾何，運用毛刷製造出顆粒感的三角畫盤，再用食材擺
放出三角型體，配上如水彩班般的繽紛色彩，彷若畫廊裡的
一幅趣味美畫。

材料｜鴨胸、馬鈴薯、紅蘿蔔、南瓜、義大利麵、墨魚汁、紅椒粉、夏威夷火山鹽、蕾絲餅、蔓越莓。

作法｜將鴨胸放置在 30 ～ 60 度的真空環境中，以低溫烹調法熟成後，以小火將表皮煎至金黃酥脆，將鴨胸及鴨皮分開，鴨胸切薄片捲曲成肉捲，鴨皮切丁狀備用，紅蘿蔔、馬鈴薯、南瓜炒熟備用，即可進行擺盤。

擺盤方法

在空盤中墊上兩張紙巾，讓紙巾的排列呈現 V 字形，留出三角形的空間後，就可以開始進行畫盤。

使用烤肉醬刷（或其他毛刷）沾染墨魚醬汁後，以輕灑的筆刷的方式，讓醬汁在盤中呈現出大小變化的點漬。

待空缺處點漬醬汁的表現飽滿後，即可移除兩張紙巾，便製造出一個 V 形的畫盤；移除紙巾後，可稍微擦拭畫盤圖案的邊緣，使其線條更為俐落整齊。

接著在 V 形畫盤的下方，放上一個以圓形的空心模具（可在紙板上割出圓形），緊壓紙板模具，避免紙板於空盤間產生空隙後，便可撒上夏威夷火山岩及紅椒粉。

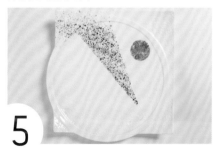

灑粉完畢，移開模具後，即完成一圓形畫盤。

最後把炒過的紅蘿蔔、鴨胸、馬鈴薯及南瓜，擺入盤中，讓食材的擺放呈現三角形，並在食材空隙中點綴黃色花椰菜、藍色蕾絲餅以及蔓越莓乾；交叉擺放上兩根炸過的義大利麵，拉出視覺變化即完成擺盤。

弧圓直線的畫盤綜和表現

西餐行政主廚　王輔立
君品酒店雲軒西餐廳

炭烤無骨牛小排佐肉汁

利用配菜的豐富色彩與堆疊手法，讓整體視覺更具張力
與立體效果，因主形體多為條狀物，故加入多種造型的
畫盤表現，以平衡整體構圖，最後更應用圈型的香料鹽，
加入圓圈狀的畫盤效果。透過盤飾細節中的圓，讓銳利
的線條能為圓潤溫和。

材料｜牛小排、馬鈴薯泥、青醬、洋蔥泥、紫花椰菜、黃花椰菜、多色小紅蘿蔔、蘆筍、紅蔥頭、香料鹽。

作法｜牛小排煎至五分熟，將馬鈴薯泥與青醬調成醬汁備用，蔬菜皆烤熟後，紅蔥頭切片成空心圓圈狀，即可進行擺盤。

擺盤方法

在盤左側 1/3 處，加入適量青醬馬鈴薯泥。

運用尖形湯匙的背面，以逆時針約 45 度角的方向，弧狀畫出，湯匙背面可以造成有高低變化的畫盤效果。

在弧狀青醬下方放入牛小排，牛小排的粉紅肉面朝上；右邊三分之一處同樣以尖形湯匙，先勺盛適量洋蔥泥，緩緩置入中。

當洋蔥泥進入盤中時，利用湯匙的側面，直線劃出一條長條型的畫盤，運用洋蔥泥量的多寡，製造頭粗尾細的線條感。

立體堆疊的方式，堆上紫花椰菜、黃花椰菜、多色小紅蘿蔔、蘆筍與紅蔥頭圈等食材，並在盤右上方倒入一匙香料鹽。

最後將手指插入鹽中，慢慢向外擴張，做出圓圈狀即完成擺盤。

運用畫盤流線美感，
填補盤面空間

Chef Owner Angelo Agliano
Angelo Agliano Restaurant

檸檬派佐柚子巧克力冰沙

由於此道料理的主體是為圓形，故在畫盤時的線條，亦可以帶有
行雲流水的流體線條，增添寫意風采，讓塔皮的圓弧形狀與畫盤
流線角度巧妙吻合。而其所使用的圓形瓷盤，有著同心圓般逐漸
向外圍擴張的漣漪效果。加入塔皮上的巧克力片、綠色開心果和
紅色覆盆子，加入食器的變化，亦讓整體擺盤在細節中，增色視
覺層次。

材料 | 低筋麵粉、糖粉、全蛋、奶油、榛果粉、鹽、香草粉、黃檸檬汁、黃檸檬皮、吉利丁、馬斯卡邦起司、無糖原味優格、綠檸檬皮。

作法 | 使用攪拌機以低速混合均勻麵粉、糖粉、奶油、香草粉等材料後,冷藏備用製為塔皮材料。將塔皮以圓模壓型後,冷藏定型;搭配檸檬蛋黃餡、優格奶油香緹與巧克力冰沙即告完成。

擺盤方法

1

以湯勺取用巧克力醬汁進行畫盤,由於巧克力醬汁較為濃稠,在拖曳時可加入由重到輕的分量掌控。在最前段可畫上較重的巧克力醬,後續再以湯匙邊緣覆著的醬汁拖畫出尾部線條。

2

讓畫盤以流動彎曲的線條,隨盤心圓弧中拖曳而下;平行的兩條流體線條,外側稍短內側較長,長短粗細的變化增添流動韻律感。

3

檸檬圓形塔皮置於中心偏右下,於塔內以圓心向外的方式先擠上檸檬餡。

4

再覆上一層優格奶油香緹。

5

蓋上帶有堅果、開心果碎與金箔裝飾的巧克力片。

6

最後於左側輕灑些許覆盆子杏仁角,並將巧克力冰沙置於覆盆子杏仁角之上,使之不易滑動,即告完成。

輕重畫盤
引導視覺前進方向

主廚　林秉宏
亞都麗緻集團麗緻天香樓

西湖醋魚

平整的長方型白盤看似單調，但於此道擺盤裡加入醬汁畫盤元素，波浪狀造型跳脫四方框架的栓梏，擺盤時刻意讓盤面保留 30 ～ 40% 的留白，運用平衡盤中的空缺；此外並刻意將去骨草魚斜放，呈現斜線與曲線的層次交錯，並讓整體擺盤呈現出重與輕、大與小的節奏律動感。

材料｜去骨草魚取中段、老薑末、醬油、紹興酒、白棉糖、太白粉、鎮江醋、香菜、薑絲。

作法｜清水煮滾後離火，放入以去刺的去骨草魚浸泡約 2~3 分鐘後，即可撈起待擺盤使用。酸甜醋醬作法則是以醬油、糖、紹興酒與鎮江醋調製而成。

擺盤方法

1

運用中湯匙盛杓一匙酸甜醋醬，為求一匙流暢地畫下醬汁，故讓醬汁滿盛。

2

畫盤時湯匙與盤面約成 45 度拖曳畫盤的線條。

3

畫盤時可拖曳出波浪狀的律動線條，隨著醬汁的拖曳，呈現出重到輕的節奏條。

4

最後在盤中央，再加入一道橫線收尾，令波浪狀的醬汁造型頭尾平衡。

5

將去骨草魚斜放在盤中心，薑絲立體斜靠在去骨草魚右側。

6

最後在去骨草魚上點綴香菜，增加盤景的色彩亮點，即完成擺盤。

手指畫盤展現樸直自然筆調

主廚　連武德
滿穗台菜

水果斑魚排

藍斑魚肉質紮實細密，炸過後外酥內軟，金黃色的麵衣將魚
肉包覆，表現爽脆大方的情致，旁側搭配夏荷畫盤舒朗富有
雅趣。在畫盤時由於荷花瓣形較長，所以在一開始運用野莓
醬點圓時，圓形輪廓範圍要較廣、較扁一些。另外描繪荷花
莖梗時，弧線以荷花、荷葉各據一端，中間枝葉相連，表現
臨摹寫生般的隨興風雅。

材料 | 藍斑魚、水梨、蘋果、西瓜、奇異果、鍋巴。

作法 | 將藍斑魚切片調味下鍋，炸至金黃色。接著將鍋巴炸酥，水梨、蘋果、西瓜、奇異果切
小丁即可。

擺盤方法

取一白色圓盤，以野莓醬在盤中擠出九個圓
狀的色點，作為花瓣的輪廓。

接著以手指，依序按壓色點，往圓心內推移，
透過手指的抹畫，製造從深摯淺的漸層花瓣
的樣貌。

運用手指抹畫時，線條不宜太過生硬，手指
抹畫的筆觸可以帶有一些弧度，讓花瓣呈現
放射狀的形態，會更為美觀。

花瓣描繪完成後，再以圓弧拖曳的方式，用
巧克力醬繪出荷花梗，可以帶入些許濃淡的
變化，讓畫盤的線條虛實交錯。

將著用奇異果醬，在盤中加入鮮綠色，為葉
片及蕊心上色。

最後擺放切成四方形炸脆後的鍋巴，並將炸
過的斑魚排置於鍋巴上；頂端放置切丁的水
梨、蘋果、西瓜與奇異果後，淋上由乳酪、
牛奶、醋製成的酸甜醬料，擺盤即完成。

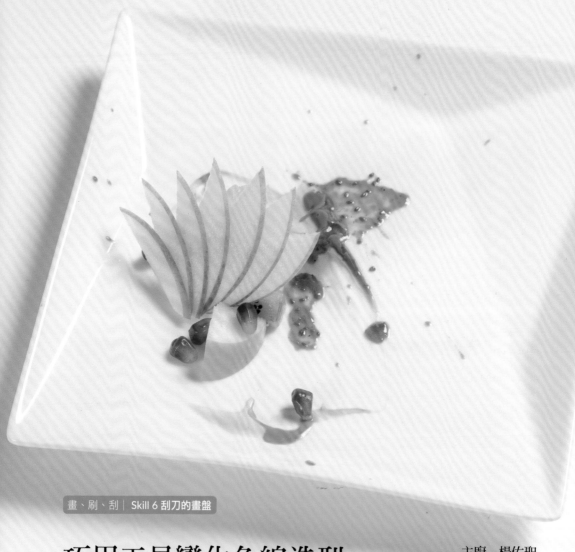

巧用工具變化色線造型

主廚　楊佑聖
南木町

季節水果盤

在畫盤的表現上，可利用不同工具與創意，堆疊出更豐富的視覺效果，或是以手指抹盤可做出大面積的基底盤色，無須工具新手也可嘗試，再搭配毛刷重複刷繪，做出更具層次的暈染效果，最後來上一匙滴淋，讓平整的畫布多了分隨性與藝術感，以潑灑畫面帶出其自由奔放。

材料｜鳳梨、芭樂、香蕉、奇異果、石榴、蘋果、藍莓日式沙拉醬、梅子沙拉醬、巴薩立克黑醋、藍柑橘糖漿、覆盆子果醬。

作法｜將所有水果切成小丁狀，蘋果切薄片以手展開如扇子造型，即可進行擺盤。小丁即可。

擺盤方法

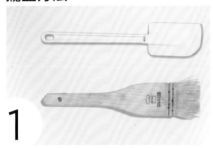

1 進行畫盤表現時，有很多工具可以使用，比如手指、塑膠毛刷，以及塑膠刮刀，可以製造出來的效果各有差異，建議可依個人使用習慣判斷。

2 為了試驗不同畫盤效果，可在多個空盤中，加入藍莓日式沙拉醬、梅子沙拉醬、巴薩立克黑醋、藍柑橘糖漿、覆盆子果醬，讓醬汁集中畫盤時就可以變化多色漸層效果。

3 手指可以製造中凹兩側高的效果，使用手指畫盤時，手指拖畫醬汁的速度與力道會是關鍵，手指拖畫的面積愈大，會影響畫盤線段的寬度；此外由於手指具有厚度，醬汁較容易被推積在前方，漸層的表現較不明顯。

4 使用塑膠毛刷的畫盤，色彩漸層的表現比手指均勻，畫盤中則約略帶有白色的細線效果，可以產生速度感的想像。

5 使用刮刀抹平醬汁時，醬汁同樣容易被堆積在前後兩堆，但刮刀的效果則又比手指更為俐落；推刮醬汁時，可帶有弧度，也可結合瓜刀與其他工具，在推平的醬汁上以毛刷重複刷開，做出暈染效果。

6 由於刮刀的畫盤輕重較為明顯，中央空缺處則加入湯匙滴淋的覆盆子果醬做出自然潑灑感，並在醬汁上放入鳳梨及芭樂，奇異果倚靠其邊，最後空隙中插入立體的蘋果扇，並點綴石榴即完成擺盤。

造型色調相映成趣，
醬汁畫龍點睛

副教授　屠國城
高雄餐旅大學餐飲廚藝科

鄉村豬肉凍

本道料理展現有趣的襯映與對比，在金色紋飾的藍邊圓盤上放置外皮為橘紅色的豬肉凍，利用特殊的梯形切使主菜呈現三角造型，不僅橘紅色與藍色相互對照，連造型都相映成趣，對比趣味恰到好處。最後再以畫盤為整道料理增添生動的意象，實為運用畫盤得宜的料理。

材料 | 鹽霜降豬、菠菜葉、紅蘿蔔丁、西芹丁、櫛瓜丁、紅蘿蔔片、豬肉清湯、吉利丁片、莓果醬汁、苦茞、綠捲鬚、紅生菜。

作法 | 霜降豬以高湯燉熟，切條包入燙熟菠菜葉備用。豬肉清湯煮滾，放入泡軟吉利丁片。依序將燙熟紅蘿蔔片、豬肉菠菜捲、燙熟蔬菜丁、豬肉清湯放入三角模型中，放置冰箱冷卻凝固。將生菜拌入橄欖油醋即完成。

擺盤方法

1

先將生菜放置在綴有金色紋飾的白底藍邊圓盤上，擺放於盤面上方，使盤面下方留白。生菜撕成小片，以便取食。並放上兩株交叉擺放的蝦夷蔥，使整道配菜擺盤更顯精緻度，也能產生視覺上的立體感。

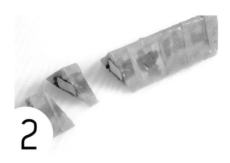

2

將外層貼上紅蘿蔔皮的三角造型豬肉凍切割成梯狀，使其左右厚度不一，利用刀工的切割，製造口感與擺盤的變化。

3

將豬肉凍以及金蓮花葉與香葉芹放入盤中，以橘紅色的主菜表現與藍邊圓盤的對比印象。

4

畫盤筆頭如同湯匙，在使用時須注意筆的傾斜角度，若傾斜角度愈大，醬汁流出愈多。

5

畫盤時也可變化傾斜的角度，大傾斜的角度，畫出的造型會稍粗；反之，傾斜角度小，畫出的筆觸則較細，可視料理整體風格變化畫盤粗細。

6

畫出線條後，最後並點上一點，創造整體盤面的均衡感。

引申視覺導向，
畫龍點睛的色彩線條

主廚 林凱
漢來大飯店東方樓

松露干貝佐鵝肝圓鱈

以堆疊方式擺放食材時，為讓層次感更為明顯，需以刀
工修飾其形體，將最需強調的食材保留其最大面積感，
上下包夾的食材則為較小，因而襯托出其重要性。且以
畫盤的深咖色醬汁呼應鵝肝，底部橘色圓鱈及綠生菜做
出跳色對比，讓視覺看來更清爽繽紛。

材料｜圓鱈、鵝肝、北海道干貝、松露片、巴薩米克黑醋、香葉芹、辣椒絲。

作法｜將圓鱈、鵝肝及北海道干貝修整形狀煎熟後，即可進行擺盤。

擺盤方法

在方盤上以刷子橫畫一筆巴薩米克黑醋，由於食材會往上堆疊，在此畫盤的筆觸，可以有效延伸擺盤的水平視線，如缺少了此筆畫盤，整體表現便不均衡了。

並將生菜放置正中間，讓醬汁與生菜互為垂直擺放。

在生菜上方，疊放一塊長型圓鱈。

圓鱈上方，再疊上一塊煎鵝肝。

最後在鵝肝上，加入一塊煎干貝及松露片並放上辣椒絲，加入向上延伸的立體感。

最後在辣椒絲的上方再放入香葉芹跳色點綴，擺盤即告完成。

山水丘壑般的畫盤動態

Head Chef Long Xiong
MUME

牛小排

牛小排與烤紅蘿蔔和焦洋蔥醬汁,以方形、線條狀與圓形描摹
多元幾合構圖。焦洋蔥 Sauce 抹醬時互有深淺,形成河流蜿蜒
曲線,線條感會更加明晰突顯,帶有山水丘壑的流動感,為盤
面增加動態丰姿。

材料｜牛小排、金蓮花、金蓮花葉、金蓮花瓣、蘑菇切片、焦洋蔥、醃製洋蔥、烤紅蘿蔔、珍珠洋蔥、焦洋蔥醬。

作法｜牛小排經過 24 小時真空低溫烹調法，再風乾後炭烤而成。

擺盤方法

在盤面上，以刮刀平抹焦洋蔥醬。

平抹時，可左右重複三至四次，從上至下刮出 3 ～ 4 層醬汁線條。

接著在醬汁上，放入一個圓形模具。

把模具以外醬汁擦拭乾淨後，拿開模具，即可得到一個流線感十足的抽象圓弧型畫盤。

烤紅蘿蔔於盤面左側以橫擺斜放的方式，拉出盤中的方向性。與圓形焦洋蔥醬汁呈「一圓一直」的線條對比。接著在盤面中心將珍珠洋蔥和醃製洋蔥以色彩對比交疊，取三角形的布局。兩片蘑菇片疊於紅蘿蔔上下兩端，焦洋蔥則放於中心。

最後將在盤中放入兩塊牛排肉，一塊置於於圓形畫盤右側，一塊則置於胡蘿蔔下方，均為傾斜擺放，但角度略微不同。接著於盤面上、中、下三方放上金針花瓣與金針花葉，最後於下側牛排上擺放一朵金針花作點綴，即完成擺盤。

Tips 塗抹焦洋蔥醬時，盡量將塗抹範圍拉廣一些，再使用圓形模具將範圍圈限，並將外圍多於的醬汁擦拭掉，讓圓弧形線條能更加突顯。

運用大片糖粉，
灑畫細緻盤景

主廚　許漢家
台北喜來登大飯店安東廳

草莓卡士達千層，抹茶海綿蛋糕，榛果冰淇淋

法式料理經過主菜戲劇性的高潮後，便更迭進入令味蕾
沉澱、回味香氣餘韻的甜點。岩質長方薄盤，由左下往
右上劃出一道星空般的海綿蛋糕、草莓、橘瓣為界，長
方盤左上擺放草莓卡士達千層與右下的榛果冰淇淋相對，
白色的糖粉在這繽紛色彩的食材裡是點綴，也是突顯深
淺變化的要角之一。

材料 │ 當季大湖草莓、抹茶海綿蛋糕、草莓千層派餅皮、水果、冰淇淋、糖粉。

作法 │ 抹茶海綿蛋糕以氮氣瓶製作，因此形成較一般海綿蛋糕多的空隙，尺起來的口感更為蓬鬆。

擺盤方法

1

預備三個杏仁餅。於長方盤左上角置放第一個杏仁餅後，採取擠花袋在餅上擠入卡士達醬，且重複步驟直至疊上第三層杏仁餅，最後黏上草莓即完成這部分的擺盤。

2

在長方盤左下和右上的對角線中，放入手撕不規則狀的抹茶海綿蛋糕、切半草莓、橘瓣。

3

以湯匙挖塑榛果冰淇淋擺放於右下角。

4

利用篩網裝盛少量糖粉，由左至右，在草莓卡士達千層頂端輕灑糖粉。

5

慢慢移動篩網，在盤中畫出一道斜角分界線。

6

最後表現出類似數學「除號」的灑粉畫盤，因要強調中央傾斜線，故糖粉撒落量較多，灑粉時可適時地以手指輕彈篩網，使其微微震動，加多粉量。

濃淡糖粉，
變化雪霧朦朧的優雅情調

主廚　李湘華
台北威斯汀六福皇宮頤園北京料理

風花雪月糖醋排

粗獷的墨色食盤，以不規則的邊緣紋理與厚實質地，除了搭配排骨顯得相得益彰外，亦充滿意境菜般的寫意氛圍。精緻的蜂巢式糖雕散發甜蜜焦糖色澤，另外以「紅」作為主要色彩鋪成，亦極富節慶歡樂感。由於色彩深厚，此時加入細碎揮灑的白色糖粉，反而能巧妙地使盤景瀰漫著雪霧朦朧的情調，並簡單製造輕重對比差異，是種簡易也耐用的操作技法。

材料｜ 腩排、草莓、鳳梨、奇異果、糖粉、蕃茄醬、糖、白醋。

作法｜ 蜂巢式糖雕是運用食用矽膠的模具製作而成；將腩排切塊並以醬油、蛋和太白粉醃製備
用，將草莓、鳳梨、奇異果切成適當大小，再將醃製好的腩排放入油溫約 130 度油中炸
熟取出。最後放入調味料拌炒均勻取出擺盤並灑上糖粉即可。

擺盤方法

1

折取三角型的糖雕鑲於草莓之上，輔以豆苗
作為紅綠對比的跳色裝置。

2

以夾子夾取糖醋排骨，將其作集中堆疊，並
加入少許包含草莓與奇異果的水果丁，帶入
片點綠意。

3

以篩子撒上白色糖粉細末，透過加白襯出主
食色彩。

4

最後呈現的灑粉畫盤雖是線性，但灑粉時可
分多次進行，控制粉末的量，依照盤飾需要
逐漸疊加，不必強求一次完成。

5

順應食器的長盤造型，由左至右撒出白色粉
片，由於主色在盤中，因此中央的粉量可稍
多，左右兩側則自然淡化，讓粉片帶有輕 - 重 -
輕的線條韻律。

鹽粒畫盤，
模擬日式造景風情

行政主廚　蔡明谷
宸料理

櫻花和牛

以鹽粒表現畫盤，不同於灑落分布，而是先讓鹽粒堆聚，
再以叉子做出凹痕。而為了突顯鹽田的質感，便可選用
深色食器背景，並加入乾燥樹枝、鵝卵石等自然意味濃
厚的元素。讓盤景的經營帶入造景的概念，料理更添禪
味，並讓蛋粉小理芋的跳色更明顯。

材料│ 澳洲和牛牛小排、櫻花葉、小理芋、乾燥蛋粉、木之芽。

作法│ 將小理芋切成六角形煮熟裹上蛋粉，並將牛小排烤至適當熟度後，包裹櫻花葉切塊，即可進行擺盤。

擺盤方法

於盤中上下方倒入兩匙鹽，鹽的顆粒可以稍細，待做出高低變化時，效果會更為細膩。

接著使用叉子將鹽堆刮畫出內凹的線條感，來回刮畫，讓兩落鹽堆的厚度相近，並將之整塑成有大小變化的造型。

接著在兩個鹽粒旁擺放一顆鵝卵石，並將乾燥樹枝倚靠其上。

接著在石頭上點綴防風，並於一旁放上裹好蛋粉的小理芋。

把烤熟的牛小排包裹櫻花葉，並將之切塊。

最後在於樹枝間空隙，以順應樹枝與鹽粒畫盤，將切塊牛小排以斜躺擺放，並在蛋粉小理芋上點綴木之芽，即完成擺盤。

Part 2

配　色

顏色對於人的味覺，可以產生不同的感知作用，善用色澤亮麗的新鮮蔬果與醬汁進行變化，便能發揮盤飾中的色彩效果！

見 p70

常見的配色材料

水果

各色醬汁

各類生菜

食用花

料理中所使用到的配菜

常見的配色基本觀念

① 色彩均衡

如料理的主題明確，擺盤時可統一整體料理的色系，找到視覺上的主要基調，再局部加入細微的色彩變化。有時候主色也不一定要以主食為主，在不破壞料理口感的前提下，也可運用醬汁或佐料的比例，引導料理的色彩表現。

見 p370

見 p78

見 p218

見 p68

見 p92

② 局部對比

有些料理,因食材限制,無法均衡或即時地表現出色彩的印象,此時就可以利用局部對比的效果,把握輕與重、深與淺、亮與暗的原則,透過反差,讓食用者留下深刻的色彩印象。

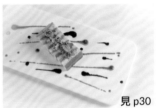

見 p120

見 p228

見 p30

③ 與食器搭配

配色的設計除了考慮食材的組合,更重要的是食材與食器之間的搭配。食器可以強烈影響擺盤的整體形象,其中也包括色彩。可先思考料理中會出現的色彩元素,使用有圖紋強化色彩的主色,或襯墊有底色的食器,藉此對比色彩焦點。

見 p56

見 p342

見 p98

輕重繽紛色彩，
觸動味覺想像

行政主廚　陳溫仁
三二行館

鹿野玉米雞及鴨肝佐香蔥紅酒汁

當道地的中式食材加入了色彩繽紛的醬泥點綴後，盤裡即能呈
現出法式小花園般的盎然表情。可以改變料理既有的氣質，這
就是活用配色的優勢所在！善用醬汁與實用花葉的組合，僅需
在細節處加入些許裝飾，即能徹底改變料理的原有氣質。活用
配色彩的擺盤，也需考利食器的搭配與應用，白盤的裝盛，可
以襯托出蔬菜與食材的自然原色；若以深色食器進行擺盤，則
要著重對比的表現。

材料 ｜ 去骨玉米雞、鴨肝、大豆苗、甜菜泥、紅蘿蔔泥、南瓜泥、蘑菇泥、迷你紅洋蔥。

作法 ｜ 將鹿野玉米雞去骨後，以 Sous Vide 真空低溫烹調法加熱至熟，保持雞肉的鮮嫩口感；雞骨則加入紅酒與香蔥熬成醬汁為佐菜使用；鴨肝微煎至表面酥脆後烤熟；大豆苗則爆炒後壓模塑型；南瓜、蘑菇、甜菜、紅蘿蔔等壓泥備用。

擺盤方法

1

使用小湯匙依序將南瓜泥、胡蘿蔔泥、甜菜泥在盤子的其中一側做點綴，量不需太多，本道擺盤的色彩應用不必佔據過大面積。

2

將大豆苗以模具塑型成四方形，將定型後「豆苗磚」切成適宜的大小，做為食材堆疊的基底。

3

擺放上豆苗磚後，綴以小紅洋蔥、蘑菇泥、並用湯匙在剩餘空間點上紅酒醬汁，增加色彩錯落的層次感。食材與醬汁之間各自保留相當距離，避免混淆色彩，也保有視覺呼吸的空間。

4

將其中兩塊玉米雞橫放在豆苗磚上，再將煎好的鴨肝堆在玉米雞上。置放主食材時需留意勿觸碰到其他蔬菜泥或小洋蔥等，盡量使用鑷子，較筷子來得易掌控且穩定。

5

主食布局完成後，即可加入最後的點綴，由於本道擺盤的食材皆是分開置放，食用花葉的點綴，不須太多，與醬汁或主食搭配畫龍點睛即可。

6

最後以鑷子加入各色食用花，南瓜泥與胡蘿蔔泥等橙色醬汁上，可搭配蕎麥苗等綠色植葉，顏色較重的甜菜泥與鴨肝上，則可加入黃色菊花瓣提升彩度，讓擺盤營造出繽紛熱鬧的效果！

加入食材原貌，
強化色彩存在感

主廚　蔡世上
寒舍艾麗酒店 La Farfalla 義式餐廳

清蒸黃金龍蝦搭配義式手工麵餃海鮮清湯

龍蝦頭本身是食材的象徵，亦是具有磅礴氣勢的擺飾。相較
於龍蝦頭較為雄偉的造型，略為圓潤彎曲的龍蝦尾，顯得小
巧珠圓，搭配米黃色的義大利麵餃、淡雅綠色的櫛瓜球，濃
黃色的南瓜球與紫紅色甜菜根，除了色澤均為暖澤色系之外，
特意將形狀營塑為圓形，為湯品增添玲瓏典雅的視覺感受。

材料｜龍蝦、義大利餃、海鮮清湯。

作法｜龍蝦以帶殼蒸烤方式鎖住肉汁，加入杜蘭小麥粉及蛋黃桿製成的手工義大利餃，最後在淋上鮮香濃郁的海鮮清湯。

擺盤方法

將龍蝦頭放置於正中心前方，倚靠盤子寬幅弧度，塑造生動的立體感。龍蝦尾則於盤心呈傾斜狀，靠左側放置。

由於龍蝦頭是擺飾的焦點，因此在擺放時，可讓龍蝦頭立起已達成視覺的張力；要讓龍蝦頭立起，盤面要既深且寬，若龍蝦頭會向後滑退，可於後方擺放食材，使其固定。

將義式手工麵餃置於龍蝦尾右側，再放上以挖球器挖勻成圓形的南瓜球、櫛瓜球於四個方向。

接著放上不同紋樣與色彩的紫紅色甜菜根片，由於主題較大，小配菜的細節如能愈細膩，相對之下會現得更為精緻。

最後淋上海鮮清湯，並加上紅酸膜與百里香裝飾，擺盤即完成。

同色系食材應用，
拓展色彩深淺層次

主廚　蔡世上
寒舍艾麗酒店 La Farfalla 義式餐廳

栗子燻鴨濃湯佐帕馬森起司脆片

此道栗子燻鴨濃湯，以棕褐色為色彩主調，在設計擺盤時，主廚
加入食材色系的層次感。透過與湯品顏色相近的起司薄片，延伸
了料理色系的豐富度。另外，並透過橄欖油的滴入，在湯品的表
面加入抽象點線的畫盤效果。將起司薄片橫貫於盤面，使得料理
中心除了湯品外，盤面上也帶有食材演繹的俏麗風情。

材料｜法國栗子、洋蔥、紅蘿蔔、馬鈴薯、燻鴨、帕瑪森起司、雪豆。

作法｜先將洋蔥、紅蘿蔔、馬鈴薯等蔬菜以橄欖油低溫拌炒，並加入法國栗子及雞湯慢火熬煮，將栗子燉爛完整化入湯頭，再用果汁機打過，以鮮奶油、奶油增添其入口的順滑度，盛裝後再擺上切片燻鴨，細緻綿密的栗子濃湯與煙燻鴨胸的滋味絕妙地相合。

擺盤方法

由於料理主色是棕褐色，因此運用同色系，先取一淺色的帕瑪森起司脆片，在其中放入綠生菜，進行點綴。

接著加入紅酸模與雪豆，形成田園印象的氣質。

最後加入色彩對比的思考，加入黃、紅、紫等色彩的食用花，綴放於帕瑪森起司脆片上，在盤面的最上方，加入鮮豔亮彩的顏色，帶出視覺焦點

將裝飾完成的起司脆片放置在湯盤的下方，使盤面呈現屬長條橫跨的造型。

將燻鴨肉片以交疊的方式，置放在湯碗的中心。

最後以湯勺將栗子濃湯勺入碗中，最後再以繞圓的方式淋上橄欖油，在湯品的表面，加入抽象點線的畫盤效果，即完成湯面與盤面上皆帶有配色層次的擺盤。

三色麵包做出豔麗花環，
創造深反差的神秘料理

西餐行政主廚　王輔立
君品酒店雲軒西餐廳

北海道干貝與龍蝦泡沫

以白色立體凹紋的食器做為深色料理的表現基礎，其凹紋如
同海裡的岩石，必須得潛入深海才能抓到新鮮干貝，因此在
擺盤上，將干貝藏匿最底下，選擇以三色麵包片配色，再以
特殊劑型的泡沫醬汁覆蓋，營造海面拍打出的淺淺浪花，享
用時一口挖下，讓人充滿無比驚奇與喜悅。

材料｜ 干貝、龍蝦殼、番茄、蔬菜料、龍蝦汁、大豆卵磷脂、三色麵包脆片。

作法｜ 將干貝煎上色後備用，將龍蝦殼、番茄、蔬菜料熬煮為醬汁，再以龍蝦汁與大豆卵磷脂
採用均質機打成泡沫，即可進行擺盤。

擺盤方法

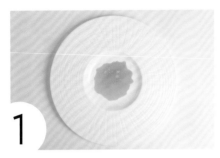

將龍蝦醬汁倒入淺盤中。

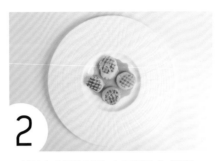

平鋪放上煎好的干貝，以圓圈的方式擺放。

接著以紅、綠、白三色交錯的方式，擺放烤
麵包片。三色麵包主要為了讓干貝的色彩跳
脫出來，在擺放時可上下運用交疊，變化出
麵包片的層次感。

擺放三色麵包脆片時，可順應食器造型，重
疊排列為環形。

由於正中心仍有空缺，此時即可在盤中央，
填入龍蝦泡沫，增加擺盤質感的變化。

泡沫的量，可加到其完全覆蓋干貝為止，讓
干貝呈現出一種若隱若現的神祕感，即完成
擺盤。

白色點綴，
對比色彩輕重節奏

主廚　許雪莉
台北喜來登大飯店 Sukhothai

宮廷酸甜楊桃豆沙拉

本道料理的食材都混合在一起，且料理彩度高，顏色亦較
深。此類料理擺盤即可應用色彩的對比，烘托出料理主體
的色系。選用潔白純淨的淺盤為其展演舞台，將混合食材
集中裝盛於盤中，上方堆疊的暖陽橘黃水煮蛋與鮮紅蝦
子，亦與深綠楊桃豆形成對比。跳脫食材擺放位置的經營
布局，有效應用色彩亦可呈現出混合料理的鮮明朝氣。

材料｜ 楊桃豆、鮮蝦、豬肉末、洋蔥、醬料（辣椒、檸檬汁、魚露）、特製蔥酥、椰子粉、水煮蛋、椰奶。

作法｜ 先將楊桃豆與鮮蝦、豬肉末等材料川燙，再將楊桃豆切片，與洋蔥、辣椒、檸檬汁、魚露、特製蔥酥與烤過的椰子粉拌勻，最後擺上煮過的切角水煮蛋，點綴椰奶即可。

擺盤方法

將楊桃豆、鮮蝦、豬肉末、洋蔥，拌入使用辣椒、檸檬汁、魚露特調的醬汁，一起涼拌。

將涼拌後的食材，堆疊放入白色淺盤中心，並將鮮蝦挑出擺放在上，帶出視覺的滿盛豐富感。

將鮮蝦食材等食材置於上層後，撒上花生粉、椰子粉、蔥酥，並加入色彩的焦點，放上一匙白色椰奶。

椰奶的放置建議可在頂端，量也不需太多，因為此類混合擺放的食材，料理的焦點已堆疊於盤中心，椰奶的加入可點出食材高度及份量感，並形成強烈對比，因此不宜過多，以免破壞口感與視覺均衡。

於盤周四角勾勒畫盤線條，加強配色的層次美感。

最後於食材四周，環狀擺放以切角的白煮蛋，呼應頂點的白色，並強化周邊色彩輕重的對比，擺盤即告完成。

確立主色，
深淺一線的色系延伸效果

西餐行政主廚　王輔立
君品酒店雲軒西餐廳

奶油起司甜菜餃

由於料理的主題是甜菜根，因此主廚在設計上變化了甜菜根的深紅到淺白，呈現出單一色系，深淺層次變化的趣味。此外在食器的搭配上，選用帶有圓形凹陷圖案的長盤，原有的凹度做出立體層次，搭配各色不同的圓型體；長盤則可線性排列出色彩層次，讓視覺帶有連續性。

材料｜甜菜根、起司乳酪、吉利丁片、櫻桃蘿蔔、糖霜片、羊乳酪、蛋白霜。

作法｜將甜菜根汁混合吉利丁片製成甜菜根凍後備用，將羊乳酪與蛋白霜做成立體造型乳酪蛋白，即可進行擺盤。

擺盤方法

於盤中三大凹槽處，擠上三坨的起司乳酪。

在三坨起司乳酪中間再擠入兩坨小的起司乳酪，做出圈的大小差異。

在最左邊的乳酪上，蓋上比乳酪尺寸大一圈的甜菜根凍。

由左至右，以上下些微交疊的方式，鋪蓋不同品種的甜菜根、櫻桃蘿蔔，期間並加入較厚的糖霜片，變化厚薄立體感。

由左往右以直線方向疊放甜菜根與櫻桃蘿蔔片時，維持色彩輕重相隔的節奏，讓紅色系延伸至盤尾。

最後在盤面空缺，將加入有立體高度的羊乳酪蛋白霜，中間使其稍高，右側最低，變化由深至淺，高到低的落差，即完成擺盤。

黑綠底色彰顯主食，
掌握色彩對比守則

Chef Clément Pellerin
亞都麗緻大飯店 巴黎廳 1930

小麥草羔羊菲力搭新鮮羊乳酪

來自法國的 Clément 主廚認為，日常生活裡所見皆能成為擺盤時的靈感來源，而此道擺盤便應用了純法式的料理想像，以羊兒在草原吃草的美妙意境為主題，運用小麥草綠，烘托小羔羊菲力的布局。主廚特意選用黑色圓盤與小麥草粉，進行跳色，於盤中心將小麥草粉鋪成圓型，臨摹森林裡的草地；小羔羊肋排則切為三塊，分別以立躺交錯的形式，經營高低趣味，粉嫩的羔羊肉色並與小麥草粉的綠帶來第二層次的對比。

材料 ｜ 小羔羊、羊奶、小麥草粉、薰衣草、大蒜。

作法 ｜ 小羔羊肋排作法為以大火煎至三分熟，待擺盤使用。新鮮小麥草經過急速冷凍後取出，榨打成粉末，待擺盤使用。醬汁則以新鮮羊奶與薰衣草混和調製而成。

擺盤方法

1

運用湯匙挖出適量的小麥草粉放於黑盤中心。

2

並以湯匙背面輕輕往外畫圓，將小麥草粉面積延伸為黑盤的 1/2；小麥草粉由冷凍錄取出時顏色較淺，鋪畫完畢後，可以加熱燈回溫，使其恢復較深的顏色。。

3

在小麥草粉上加入三塊羊乳酪，並在羊乳酪之間抓出圓形小麥草粉的內圈，在內圈直徑的左右兩端起頭與終點，放入兩塊大蒜泥與兩顆大蒜。

4

小羔羊菲力條切為三等分後，在盤中央以橫躺的方式，擺放一塊羔羊排，使其將棕色煎面朝上。

5

剩下的二塊羔羊排則以立站的方式擺放，讓粉紅色切面朝上。羊肉與羊乳酪的布局成兩個交錯的三角型後，在羔羊菲力上輕灑少許鹽巴。

6

最後在大蒜泥旁邊點綴兩片酸膜葉、並在小羔羊菲力與蒜泥旁點綴兩片金蓮葉，並在盤面中加入少許紫色食用花瓣，遍地點綴於小麥草粉，營造小羔羊於草原吃草的奇幻意境。

依循食材既有色系，
映襯料理主體

主廚　詹昇霖
養心茶樓

豆酥白衣捲

在食器上襯墊葉片是擺盤常見的方式，倘若在食器與素
材下點功夫，便能延伸料理的色彩意境。此道擺盤應用
了弧形白盤的輕描水墨，加入常見的竹葉自然素材，簡
單的搭配觀念，更突顯了單一食材的清爽與自然感受。

材料 │ 豆酥、生豆皮、高麗菜。

作法 │ 將整顆高麗菜以熱水燙熟後泡入冷水，一片片完整地撥下高麗菜，包上生豆皮與清甜的高麗菜，加入少許鹽巴蒸 4 分鐘後切塊待擺盤備用。豆酥以糖和辣椒醬炒香備用。

擺盤方法

選擇與弧形盤大小相同的竹葉正面朝上放入盤裡。

將高麗菜葉包上生豆皮與高麗菜葉蒸製，完成後即得高麗菜白衣捲。

將高麗菜白衣捲切塊，切塊時讓每塊維持同一大小。

以斜躺堆疊的方式，將高麗菜白衣捲放入弧形盤的竹葉上方，順應食器造型，上下傾蓋的方式並可形成視覺的流動感。

最後用湯匙灑上適量豆酥，少許覆蓋高麗菜白衣捲，擺盤即告完成。

Tips　由於高麗菜白衣本身即帶有清淡綠白色，在設計擺盤時，應用更深的綠與清淡的灰紋的白盤，即是從食材本身的固有色系進行思考。應用同色系的更深色，即可有效突顯淺色食材的存在感。

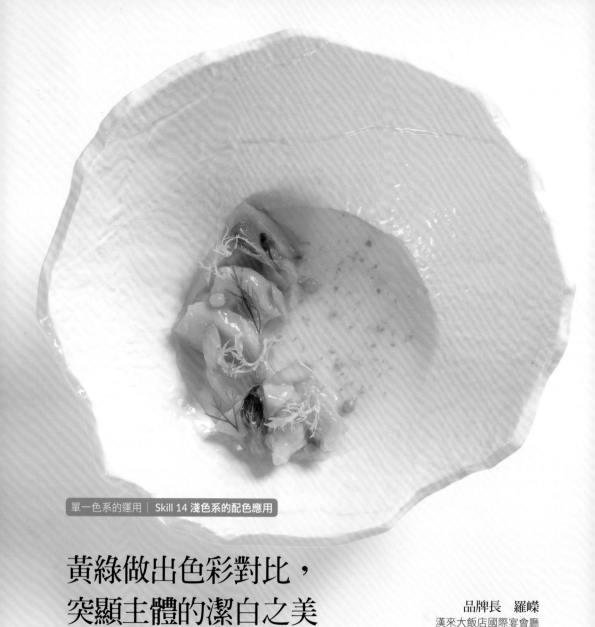

黃綠做出色彩對比，
突顯主體的潔白之美

品牌長　羅嶸
漢來大飯店國際宴會廳

黃燴海皇蒸年糕蛋白

為了讓主體的蛋白高湯更為顯著，主廚先是選用了不規格邊型的湯碗突顯碗中之物，接著再以明亮的金黃色澤的金湯海鮮，以及多種深淺層次的綠色蔬菜做出強烈對比，讓白看來更為潔白，最後撒上淺粉火腿末，讓視覺移動集中，欣賞白的無瑕風雅。

材料 | 年糕、海鮮高湯、蛋白、明蝦、干貝、南瓜、紅蘿蔔、鴨肉、青江菜、碗豆仁、切片蘆筍、新鮮茴香、綠捲、金華火腿。

作法 | 將南瓜、紅蘿蔔、鴨肉熬煮成為廣東菜俗稱的金湯，燴煮明蝦級干貝，再將青江菜、碗豆仁、切片蘆筍煮至較微軟的口感，金華火腿剁碎後，即可進行擺盤。

擺盤方法

1

在造型特殊的蛋狀湯碗內放入年糕。

2

倒入海鮮高湯與蛋白後，炊蒸至熟。

3

為了突顯白色，食材的布局也刻意留白，弧狀排列的食材與大面積留白，相互平衡，充滿了東方思想中虛實相映的趣味。在碗內左側擺放上以金湯燴煮好的明蝦及干貝，沿著碗緣排列出一道弧度。

4

最後於金湯明蝦干貝上的空隙或周邊，放上煮軟的青江菜、碗豆仁、切片蘆筍。

5

點綴新鮮茴香及綠捲，加強疏食的變化與裝飾。

6

最後於蛋白部分撒上金華火腿末即完成擺盤。

白盤加白，
覆蓋後再露出的食材跳色

料理長　羽村敏哉
羽村創意懷石料理

牛肉

深沉咖啡色的烤牛肉，切面後的粉紅色則是擺盤的關鍵主
角。擺盤時選用帶有白刻花紋的圓盤，繁複的刻紋具有低
調與收斂的美感，加入大量的白色醬汁，即便盤中取白色
為主要基調，仍可區分出材質與光澤的不同，少部分粉紅
與鮮明翠綠的露出，便可讓視覺跳出，襯托明確焦點。

材料｜ 牛肉、羅馬花椰菜、牙蔥、白子。

作法｜ 將牛肉烤至五分熟後，放置五分鐘吸收其風味。淋上以白子混合高湯的醬汁，放上羅馬花椰菜，點綴牙蔥後完成。

擺盤方法

將烤好的牛肉進行切片，肉片的分量建議不須太多，讓擺盤維持適當的比例為宜。

以高低堆疊的方式，把牛肉切片放入盤中，五分熟的粉紅剖面朝上，分為兩層疊出高度。

淋上白子與高湯調配的醬汁，在白盤中加入多白色，但記得澆淋醬汁時，不要完全覆蓋牛肉，保持部份原始肉色，用配色襯托彩度。

在牛肉的左右側放上羅馬花椰菜，應用清鮮的綠色，帶出料理的清爽感。

最後在醬汁表面撒上切小段牙蔥即完成擺盤。

鮮嫩草莓夾心，
誘發酸甜滋味

Chef　Fabien Vergé
La Cocotte

季節草莓佐青蘋果橙酒醬汁

傳統法國點心在主廚巧手改良下，於草莓和卡士達醬上層
加入結凍狀糖片，不僅口感豐富，鮮嫩草莓與糖片結合出
甜蜜滋味。此料理本身的色彩極為素雅，主廚選擇將料理
中色彩最重的紅色，以半透明糖片遮掩住，讓擺盤的色彩
呈現出朦朧的淺淡印象，周圍並淋上青蘋果橙酒醬汁，讓
淡色延伸盤景周圍，同時也擴散了清爽簡約的配色氣質。

材料｜草莓、青蘋果、卡士達醬、杏仁蛋糕、糖片、干邑橙酒。

作法｜蛋白霜作法是將生蛋白打發等待至七分硬，放入低溫烤箱烤至酥脆即可。

擺盤方法

1

在白盤中央放入一片正方型的片狀杏仁蛋糕，並於其上擠入一圈卡士達醬。

2

將草莓切薄片，並輕輕向旁滑開形成扇形後，在卡士達醬的上方放入兩片草莓扇。

3

利用刨絲器，刨切蛋白霜餅，將蛋白霜粉屑灑落於草莓扇的上方。

4

在草莓卡士達杏仁蛋糕夾心最上層，擇一塊與杏仁蛋糕相同尺寸的半透平糖片疊放上去，運用半透明的糖片，遮掩了料理中最重的紅色。

5

由於此道甜點的色彩較為素雅，端上客人桌前時，在甜點周圍與上方淋上一圈青蘋果橙酒醬汁，運用醬汁顏色，讓色彩延伸到甜點主體的周邊，即完成擺盤。

淺色置底，
上方變化鮮亮佐飾

Head Chef Richie Lin
MUME

紅甘魚

由於紅甘魚肉的色彩偏淺，因此在擺盤上刻意選用一個盤
面寬大，弧度較淺的墨色圓盤，藉此對比淳美肉色。擺盤
的布局使其聚焦於中，運用圓形模具將半透明的生魚薄片
於內塑型，上層再以食用花鋪設一層多色佐飾。粉嫩柔軟
的魚肉纖維呈現細密線性分布，清爽配色與深色食器形成
鮮明對比，最後透過大量的盤面留白，則可有效集中配色
的效果。

材料 | 紅甘魚生魚片、醃小黃瓜、柳丁、金桔檸檬醋醬、芹菜、芹菜葉、炸小米、芹菜花、油菜花、櫻桃蘿蔔花、琉璃苣、韓國辣椒粉。

作法 | 紅甘魚生魚片以昆布、檸檬皮醃製而成。

擺盤方法

先以圓形模具放置黑色圓盤中心，將紅甘魚生魚片平鋪於內。

再模具中加入清透的綠色小黃瓜片，讓小黃瓜片以定點方式擺放在三個角落，呈三角形的排列。

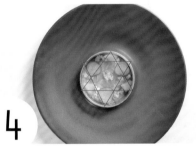

同樣以三角形的方式，在模具中放入柳丁切丁，與小黃瓜片位置交錯，並著於空隙處輕灑芹菜細末與炸小米。

芹菜細末與炸小米不是隨機撒放的，而是以小堆的方式，均勻地錯落在魚肉上方。

依序放上芹菜葉、芹菜花、油菜花、琉璃苣。

最後將圓形模具拿起，放上粉紅色的櫻桃蘿蔔花後，勻撒韓國辣椒粉於花與花之間，即完成擺盤。

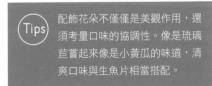

Tips 配飾花朵不僅僅是美觀作用，還須考量口味的協調性。像是琉璃苣嘗起來像是小黃瓜的味道，清爽口味與生魚片相當搭配。

三色變化，
呈現蔬草的清新氣息

主廚　徐正育
西華飯店 TOSCANA 義大利餐廳

水牛乳酪襯櫻桃蕃茄及醃漬櫛瓜

以紅、綠、白三色作為配色主角，展現義式料理最純淨
的自然三原色，並強調配色之美。掌握簡單的配色原則，
精簡食材元素，以兩兩一組的方式，相互映襯。純粹應
用食材自身的色彩打開味蕾，帶出深淺交錯的漂亮層次。

材料｜水牛乳酪、櫻桃番茄、櫛瓜、九層塔、羅勒、芝麻葉、奧利崗、海鹽、胡椒、陳年老酒醋。

作法｜將櫛瓜切成薄片，櫻桃番茄對切與海鹽、胡椒、橄欖油涼拌備用，水牛乳酪以手捏的方式捏成一塊塊後，即可開始進行擺盤。

擺盤方法

擺放櫛瓜時，可先把櫛瓜直接擺放在乾淨紙布上，再將放有櫛瓜的紙布倒扣於盤中，即可在不破壞櫛瓜外型的狀態下，完美演繹櫛瓜墊底。

將櫛瓜置於盤中後，可用刮刀微調，使其排列整齊。

在櫛瓜片上擺放對切的櫻桃番茄，擺放時可讓番茄正反面交錯，變化質感。

接著放上手捏的水牛乳酪，加入第三種色彩元素。

擺放水牛乳酪時可以倚靠在番茄上，讓色彩聚集，兩兩一組，相互對比。

最後在盤中撒入海鹽、胡椒、橄欖油、奧利崗提味，並於紅白相間處，點綴芝麻葉及羅勒，並澆淋上數滴陳年老酒醋完成擺盤。

粉嫩浪漫的櫻花之美

料理長　五味澤和實
漢來大飯店弁慶日本料理

蒸物

以粉嫩色做為配色基底，呈現浪漫春意的櫻花之美。由於此
道料理食材多元，因此在進行擺盤布局時，也加入了許多不
同的變化，塑型與堆疊等變化修飾的方法。在布局時，由於
主要食材皆為淺色，因此先墊襯一片櫻花葉，突顯食材，做
出粉綠相間的自然層次。食材擺放時，可則掌握深淺、亮暗
之間的對比關係，讓食物自然進行色彩對比，並與碗緣的淺
淺粉紅相互呼應。而在享用時掀開碗蓋的剎那，香氣鮮味緩
緩湧出，色香並呈的瞬間，得令人深深陶醉其中。

材料｜白合根万十、櫻鯛、高野豆腐、岩海苔、紅蘿蔔、櫻鯛、麩、高湯。

作法｜將各個食材依序塑型修飾，蕎麥麵微川燙，即可進行擺盤，完成後炊蒸淋上高湯即可。

擺盤方法

在食器上鋪上橫向的櫻花葉做為基底。

於櫻花葉位置的下方三分之一處，交錯擺放上高野豆腐與岩海苔，延伸視覺變化。

放入川燙後的蕎麥麵，讓蕎麥麵變成造型變化的材料，不需要一束擺放，可拉出流動的線條感。

接續放入櫻花瓣造型的白合根万十，以及一支輕巧的醃漬櫻花，豐富淺色系的色彩變化。

加入麩、櫻鯛肉，並點綴紅蘿蔔花瓣，確定擺盤的布局。

最後澆淋上高湯，擺盤布局雖複雜，但食材與食材之間其實具有進行色彩對比，食器與最後澆淋的高湯，更可統一整體料理的色調，擺盤即告完成。

寒暖交錯，
相互映襯的多采花圈

主廚　楊佑聖
南木町

低溫熟成羔羊排

呼應盤子外型的內外圓圈，採用花圈般的概念構思，以主
食材的暖色為基底，搭配上跳色的亮藍、翠綠與鮮紅，交
雜於生菜之中，如同春季大地盛開的繁花，各盡其職綻放
自我光彩。此料理的擺盤並不刻意突顯主菜，因此將其形
體大小，切成與生菜相似的尺寸；由於食材的大小相近，
但透過暖寒色彩的並置，便可營造出豐富且帶有強弱節奏
的盤飾效果。

材料｜小羔羊排、竹炭雪花鹽、紅捲生菜、巴薩米克黑醋、食用櫻花、紅藍蕾絲餅、義大利麵、藍柑橘酒糖漿、蜂蜜黃芥末、藍莓糖漿、覆盆子糖漿。

作法｜將羔羊排放置在 30~60 度的真空環境中，以低溫烹調法熟成後，以大火雙面快煎後，將藍柑橘酒熬煮成糖漿，紅捲生菜剝成較小的葉片，即可進行擺盤。

擺盤方法

使用巴薩米克黑醋，在圓盤的外緣，先點上一個大點，在大點的上左右，並在其上下左右，加入四個小點。

在四個小點上，使用牙籤向外側拉出畫盤的線條，做出一個類似十字型的畫盤表現後，在十字畫盤左右兩側再加上數個畫盤色點，讓盤緣的重色進行延伸。

接著在盤中依序放入紅綠相間的生菜，將生菜排列成圓環的造型，先製造出一圈輕鮮的料理色彩。

把羔羊排切成小塊，陸續放入生菜與生菜的中間，帶出綠紅相間的色彩變化。

於羊排與生菜的空隙及上方，依序放上桃紅色的食用花瓣、紅色蕾絲餅，加強色彩與質感的變化，接著有間隔地放上藍色蕾絲餅，用搶眼的寒藍色，帶出視覺的焦點。

持續在食材中加上炸義大利麵條、竹炭雪花鹽，以及藍柑橘酒糖漿、蜂蜜黃芥末、藍莓糖漿、覆盆子糖漿的色點畫盤，有間隔地加入寒色，平衡色彩的豐富性。

寒暖相對，
盤與食的色彩平衡

料理長　五味澤和實
漢來大飯店弁慶日本料理

醋物

為呈現醋物料理的清爽開胃，以顏色為視覺導向。選用具
有大量水藍紋飾的小盤做為裝盛食器，並加入鮮亮翠綠的
小黃瓜、海帶芽添色，做出帶有層次感的深淺之綠，再佐
以蛋黃色的醋醬增加色彩份量感，讓藍食器與綠蔬的寒
色，突顯主食橙黃的暖色，並達到配色上的完美平衡。

材料｜赤貝、黃味醋、小黃瓜、海帶芽。

作法｜將小黃瓜及赤貝先經雕花處理，即可進行擺盤。

擺盤方法

將小黃瓜去頭尾後，以斜刀方式劃入瓜肉不切斷，變化出繁複的線條變化。

將帶有雕花的小黃瓜條，根據其適當大小，切成段狀進行擺盤。

在盤內右上放入兩段雕花小黃瓜，左側放入海帶芽，強化盤勢氣氛的冷調感。

在赤貝的表現，加入切花的刀工修飾。

切割時採以十字刀的變化，製造細微的效果，預備放入盤中。

最後在小黃瓜與海帶芽前方鋪蓋一片紫蘇葉，放置赤貝後，在盤飾的最前方堆擠入黃味醋，最後在蛋黃醋上擺放赤貝唇，擺盤即告完成。

運用食器圖樣，
聚匯淺暖色系的視覺焦點

料理長　羽村敏哉
羽村創意懷石料理

鮮蝦可樂球

小小的日本家常點心——可樂餅，金黃色澤令人口水直流，
將其形體略改為圓球型。由於料理主體與醬汁皆為暖色，且
僅有一單一料理主體，故在配色可能會受到限制，此時便可
以從對比的搭配進行思考，以可樂球的暖色作為色彩主調，
搭配具有金邊深綠色的圓盤，一方面可讓料理跳脫出視覺的
重色，同時盤緣的綠，亦可呼應表面灑綴的巴西利末，色彩
的強烈感並未與料理相互牴觸，同時也可確立擺盤的一致感。

材料｜蝦子、馬鈴薯、洋蔥、牛奶、奶油、麵粉、蛋、白醬、咖哩粉、椰奶、杏鮑菇、巴西利、
芥末籽醬。

作法｜將馬鈴薯、洋蔥、牛奶、奶油、蛋、蝦子混合調理後，沾裹麵粉捏揉成如棒球般大小的
球體入鍋油炸，起鍋擺盤淋上特製醬料，點綴炸杏鮑菇，撒上巴西利即可。

擺盤方法

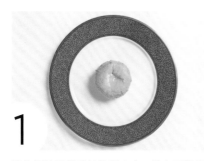

1

將炸好的可樂球放入盤中心，並在可樂餅表
面戳洞，以便澆淋醬汁。

2

在可樂餅上淋上特調醬汁，讓醬汁流入可樂
餅中，並讓盤面填滿醬汁顏色。

3

可樂餅上放上炸杏鮑菇片，讓金邊圓盤與金
黃可樂餅相互呼應。

4

在表面點綴巴西利末，增添色彩，並在圓盤
邊緣的右下旁，放上小堆的芥末籽醬，提供
食用搭配，即完成擺盤。

淺色勾勒線條，
深色收縮邊線

行政主廚　蔡明谷
宸料理

酥炸鱈場蟹佐芒果醬汁

酥炸鱈場蟹的顏色橘紅帶淡黃，呼應料理的溫熱特質，故
選用暖色系的芒果醬汁做為畫盤基底，並勾勒出帶有跳動
感的弧線。但在醬汁畫盤的周邊，再加入了深色濃縮醋醬，
為淺色食材外圍進行點綴。這是為了使視覺達到收邊與平
衡的效果，不讓盤中呈現過多的暖色，導致色彩無限擴散，
適度地擺盤的邊緣，加入少許深暗的色系，具有劃出界線
的效果，更能集中表現主菜的特色及盤面的留白。

材料｜鱈場蟹、無花果、芒果醬、甜菜根、白蘿蔔片、水菜、濃縮醋。

作法｜鱈場蟹裹薄麵衣下油鍋炸熟，將無花果去皮後，把白蘿蔔及甜菜根切薄片以鐵筷子捲起泡製冰水中定型，即可進行擺盤。

擺盤方法

選用一左寬又窄的不規則長盤，於盤左的三分之一處，由下而上勾出勒芒果醬的畫盤。

由於芒果醬稍稠，在畫盤的起點放入較多醬汁，隨著線條拖曳，讓湯匙的湯尖與盤面維持約 90 度，最後提起時，便可形成中央凹陷的醬汁畫盤效果。

以交叉堆疊的方式，疊放長條狀的鱈場蟹。由於鱈場蟹造型較不規則，疊放時可擺放較長的部位，較短的部位則可依照布局適時擺放。

鱈場蟹位置確立後，則於擺盤的上中下方分別放入水菜，在整體盤勢中變化色彩。

再於空隙放上造型甜菜根及白蘿蔔捲。

最後沿著芒果醬外圍，點狀滴入濃縮醋，成為左下及右上黃色醬汁的外框滾邊。

鑲填堆疊，
變化色調交錯意境

主廚　林凱
漢來大飯店東方樓

黑蒜翠玉鮑魚

素雅簡單的料理，利用堆疊和鑲填的方式即可加入色彩的交錯變化。將食材填入不同顏色的食材，即可做出色彩的交錯變化，再加上小到大，淺與重的色彩層次堆疊，變化出高度與彩度的變化。高湯的點綴，也使這道料理在整體配色上令人感到舒適，鮮綠與橙黃色的交錯色調，和諧恰到好處。

材料｜台灣絲瓜、大連鮑魚、香菜根、乾蔥末、金華火腿末、有機嫩豆腐、新鮮手剁蝦漿、鹽巴、胡椒粉、太白粉。

作法｜將鮑魚及絲瓜浸過高湯入味後蒸熟，將豆腐抹乾及壓碎，加入食材及調味拌勻即可。

擺盤方法

在挖空的絲瓜中間，裝入琵琶豆腐，形成白綠相間的變化。

將枇杷豆腐絲瓜擺放於中央凹陷的圓盤中間。

將熬煮過的高湯以湯匙澆淋於絲瓜周圍，注意湯汁不需過多，讓絲瓜矗立於湯汁呈現靜謐美感。

在絲瓜上擺放以松露醬與蒜蓉調味的大連鮑魚。

大連鮑魚上方再疊放一塊黑蒜，加入重色。

與最後在黑蒜上方，擺放綠捲鬚，呼應絲瓜綠意，讓整體色調統一。

簡化料理色系，
突顯金箔奢華點綴

主廚　李湘華
台北威斯汀六福皇宮頤園北京料理

芥末白菜墩

芥茉白菜墩為傳統北方料理，主廚保留白菜墩口感與原味，但在擺盤上做出全新思考，將其創新為捲白菜的形式，置於匙中方便食用，另外加之金箔巧妙營造精緻奢華感。擺盤先以奇異果片為底，具有防滑效果外，在素白無華的食器上格外跳色，也與草莓紅形成對比效果。食材方面，若不習慣芥末醬的嗆辣口味，可以加一些花生醬中和調味。

材料｜山東大白菜葉、芥末醬、金箔。

作法｜將山東大白菜燙熟後放入冰水備用，捲成壽司狀切成適當大小後，再淋上芥末醬並貼上
金箔即成。

擺盤方法

放上四片奇異果，主要作用為防止湯匙滑動，
使用番茄亦可。

將以包捲好的白菜墩放入湯匙內，擺放於餐
盤，擺放角度約略傾斜 45 度角。方便拿取之
餘，布局亦較有鮮活變化性

將草莓底部削平使草莓可站立，於頂端切割
縫隙後，插入日本稻穗和薄荷葉。

將插入日本稻穗和薄荷葉的草莓，放置在長
盤的左上方進行裝飾。

將白菜墩淋上芥末醬後，於白菜墩上方，再
加入金箔提昇料理精緻度及奢華感。

擺放金箔時，讓金箔於料理上方處平舖展開，
使之自然落下浮貼，會更具立體感，不須刻
意讓金箔伏貼在白菜墩上方，帶有飄動的空
氣感，擺盤即告完成。

單一食材，
豐富多樣的質地表情

Head Chef Kai Ward
MUME

番茄

本道料理以番茄作為主體，運用不同種類與型態展現同一食
材，豐富多樣的質地表情。由於本道料理的色彩非常豐富，
因此番茄上層，加入花瓣與酸奶等較地輕亮色彩，則可點畫
出輕盈鮮爽的料理面貌。不同型態的表現包含番茄乾與番茄
果凍，盤景多彩之餘，主廚希望營造出有機自然的生態意
象，讓人細細品味食物純然的美好。

材料 | 聖女番茄乾、多色番茄（日本黃金、義大利黃金、日本桃太郎、荷蘭芝麻綠番茄、聖女番茄、黑美人番茄）、番茄果凍、哈密瓜乾、紅酸膜、紫羅蘭、紫蘇、檸檬醋、枇杷、法式酸奶、黑胡椒、芥蘭花。

作法 | 番茄切塊、片等不同造型，並佐使用柑橘果汁，以液態氮凝固製作的法式酸奶。

擺盤方法

先將日本桃太郎番茄切片，在碗內先擺放上較大片的日本桃太郎番茄片。

接著放入荷蘭芝麻綠番茄、與日本金黃番茄放入，把大塊的番茄鋪底，並構成紅、綠、橘三種顏色。

去皮聖女番茄放於三樣襯底食材的中心，讓盤面顯得飽滿。

周邊並加入義大利金黃番茄，並以黑美人番茄切片並排羅列。

放上枇杷，以片狀立體的方式鑲置於中、再依序放入綠色哈密瓜乾、及聖女番茄乾及番茄果凍，並輕撒上黑胡椒。

最後在番茄表面，以鑷子夾取紅酸膜、紫羅蘭、紫蘇和芥蘭花，加入花瓣色彩裝飾，並添入法式酸奶後，即完成擺盤。

奇異果入菜，
突顯食材原色原味

主廚　連武德
滿穗台菜

奇異果生蠔

底部以鮮黃柳丁鋪底裝飾，加上苜蓿芽後運用蔬菜蓬鬆度，使生蠔殼不易滑動。由於生蠔殼面具良好的裝盛作用。如以白蝦仁與生蠔作為料理的色彩主體，擺盤的變化空間則較小。水果入菜的方式不僅有助味道的調和，色彩豐富度亦更為多元。除了奇異果，亦能以蘋果代替，二者與生蠔搭配均有提鮮、提味的效果！

材料｜生蠔、奇異果、軟絲、白蝦仁、柳丁、紅白蘿蔔絲、巴西利、海苔絲。

作法｜生蠔、軟絲、白蝦分別燙熟將軟絲切片，白蝦去殼、腸泥，柳丁切片備料，擺盤即可。

擺盤方法

將柳丁對半切，將其半圓形切片為柳丁薄片。

將柳丁薄片，分為四等分以「階梯狀」擺放於盤面中的上下左右等四方向，帶出色彩的漸層感。

接著在柳丁切片的間隔處鋪上苜蓿芽作為生蠔外殼底座，蔬菜織密的蓬鬆感可讓殼面不易滑動，殼呈花瓣樣式擺放，視覺層次感更加豐富。

於生蠔殼中放入白蝦仁、生蠔，以及奇異果切丁。

於圓盤中心的空缺處，擺放以柳丁為基底的胡蘿蔔雕花裝飾，中央的雕花能與四周柳丁薄片呼應，俯瞰時可讓整體擺盤帶有花瓣狀的放射效果與高度，但如缺乏中央擺放的雕花裝飾，亦可直接擺放裝飾用的小株花葉，帶出中央的立體感即可。

最後在生蠔淋上特製泰式酸辣醬以及海苔絲，色彩紛陳的擺盤即告完成。

運用花朵，
演繹輕盈料理形象

Head Chef Richie Lin
MUME

紅甘魚

清透淡雅的盤面帶有細格紋路，加之粉嫩色系紅甘魚生魚
片，讓擺盤風景成為輕盈的溫柔料理。將主視覺以生魚片
捲繞花瓣形貌，並加之柳丁放於花瓣內襯與蕊心，粉與黃
的映演，增添清新情調。食用花卉與配飾則以芹菜作為主
軸，芹菜末、芹菜花和芹菜葉均加善加利用，不浪費食材
各個部位，這是出發於北歐料理的簡約初衷。

材料 | 紅甘魚生魚片、醃小黃瓜、柳丁、金桔檸檬醋醬、芹菜、芹菜葉、炸小米、芹菜花、油菜花、櫻桃蘿蔔花、琉璃苣、韓國辣椒粉。

作法 | 紅甘魚生魚片以昆布、檸檬皮醃製而成。

擺盤方法

取 5 片紅甘魚生魚片，以側邊立起的方式，兩側往內圈捲繞，擺放在盤中。

排列時，將紅甘魚肉模擬出梅花花瓣的樣貌，形成擺盤的基本輪廓，捲曲魚肉時，可把捲圈的接合處藏於蕊心的位置。。

隨著花瓣的弧度，在花瓣之間放上 4 片醃製小黃瓜片，並在花瓣內側與蕊心處塞入 6 塊小塊柳丁切丁。

接著在盤中淋入金桔檸檬醋醬為生魚片作調味，並增加豐潤浸漬與光澤感；魚肉上則加入青綠芹菜末與鮮黃炸小米作為裝飾，用鮮綠與亮黃呼應魚肉的溫潤質感。

最後加入芹菜葉、芹菜花、油菜花、櫻桃蘿蔔花和琉璃苣作最後點綴，在灑上韓國辣椒粉，在梅花造型的魚肉上加入多彩花瓣，即完成擺盤。

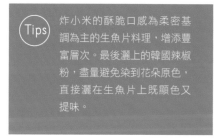

Tips　炸小米的酥脆口感為柔密基調為主的生魚片料理，增添豐富層次。最後灑上的韓國辣椒粉，盡量避免染到花朵原色，直接灑在生魚片上既顯色又提味。

以亮色穿透擺盤，
上下貫穿轉化料理氣質

行政主廚　蔡明谷
宸料理

慢火烤伊比利豬

肉品的擺盤，如在普遍運用的並排技巧中，在加入色彩的
元素，就可以讓整體擺盤的視覺張力更強、甚至可以改變
料理的原有氣質。以此擺盤為例，選用一個帶有金邊的圓
盤，並使用黃櫛瓜、綠櫛瓜片與伊比利豬肉的組合變化，
製造出如隔間般的效果。高低空間差，帶出層次起伏，刻
意將豬肉立體擺放，更有助於讓寬度變窄，與薯泥作出區
隔，形塑出輕盈多彩的擺盤氣質！

材料 | 黃櫛瓜薄片、綠節瓜薄片、馬鈴薯泥、伊比利亞豬、甜菜葉、紫芽、粉狀白松露油、魚子醬、櫻桃蘿蔔片。

作法 | 將黃櫛瓜及綠櫛瓜切薄片，過熱水川燙備用，把伊比利亞豬肉切成長方塊，一大火煎過，放入烤箱以小火慢烤的方式烤熟，即可進行擺盤。

擺盤方法

在盤中，使用筆刷在盤子的左、中、右，直向刷出三道畫盤，醬汁不須太多，主要是讓它帶有一些飛白效果即可。

在三道畫盤上，橫向地疊放上兩片略為重疊的長條綠櫛瓜片，接著再疊上一條長黃櫛瓜片，黃櫛瓜片不需要整體攤平擺放；黃櫛瓜片的寬度需比綠節瓜小，長度則比綠櫛瓜長，待擺盤後修飾，才可做出雙色的層次感。

接著在黃櫛瓜片的最左端，放上一球卵狀的馬鈴薯泥。

接著馬鈴薯泥旁放在一塊側立的烤伊比利豬肉，將黃櫛瓜片蓋上豬肉後，以上下交錯的方式，並置黃櫛瓜片與馬鈴薯泥。擺放豬肉時得拉起黃櫛瓜片操作，待排盤完成後，則可將超出馬鈴薯泥外圍的黃櫛瓜片切掉。

然後用紫芽點綴兩側，並以甜菜葉點綴馬鈴薯泥。

最後在伊比利亞豬上方，疊放粉狀的白松露油及魚子醬，並在側邊點綴櫻桃蘿蔔片即完成擺盤。

鋪陳醬汁基調，
烘托蔬食配色

主廚　李湘華
台北威斯汀六福皇宮 頤園北京料理

官府濃汁四寶

無法從簡約食材中確立色彩基調時，則可應用料理既有的
醬汁，當作主調。反轉思考，以湯品的概念去經營色彩的
布局。如此擺盤運用濃黃南瓜醬汁釀造底蘊，搭配深邃瓷
盤，呼應小舟造形的意象。其承裝盤景以蔬菜為主要食材，
浮立於亮黃湯色中的鮮綠芥菜與白梗黃葉，烘托出一股溫
柔而恬靜的古典氛圍。

材料｜娃娃菜、芥菜、小番茄、羊肚菌、枸杞、韭菜、雞高湯、南瓜醬。

作法｜將娃娃菜、芥菜、韭菜切成適當大小後燙熟備用，韭菜於娃娃菜上綁結，並將小蕃茄過油剁皮，將羊肚菌則加入高湯蒸至入味後取出，雞高湯再加入南瓜醬煮勻後放入盤中。最後把娃娃菜、芥菜、乾干貝、小番茄、羊肚菌放入盤內即可。

擺盤方法

於盤面擺放 3 顆去皮番茄，作為蔬菜底墊。

將川燙過的、裁切為 V 字型娃娃菜置於盤面，下方繞過一條燙過的韭菜。

利用韭菜將娃娃菜包裹綁結，多餘的蝴蝶結線條可裁剪掉，使其俐落；由於娃娃菜是白色菜梗，韭菜是亮綠色，加入綁結技法，可豐富色彩與盤飾變化。

將娃娃菜與芥菜置於番茄之上，集中堆放增加高度；而在紅色番茄、綠色芥菜、白色娃娃菜中間，擺上一朵深色的羊肚菌，帶入盤景暗色。

由旁側盤面空白處倒入南瓜醬汁，不要直接由蔬菜上方淋下，以免破壞蔬菜原色。

控制醬汁的量，使其微微蓋過最底層的番茄即可，讓主體食材浮出，兼顧口感維持，並形成凝塑之美，擺盤即告完成。

運用更強色彩，
統合色彩重點

主廚　許雪莉
台北喜來登大飯店 Sukhothai

鳳梨炒飯

運用鳳梨，強調色彩的鮮黃感，是此道料理在視覺及味覺
上的主角，因此選用好搭配、不搶色的白色長型淺盤盛裝，
削弱食器的存在感。搭配炒飯內的紅、綠、黃、白色彩，
讓焦點集中於黃色上，展現其鮮豔誘人的可口魅力。

材料 白飯、泰式香料、番茄、鳳梨、蝦子、花枝、雞蛋、毛豆、紅蘿蔔、芭蕉葉、腰果、肉鬆、檸檬、小黃瓜。

作法 將鳳梨挖洞後，填裝入與泰式香料、番茄、鳳梨、蝦子、花枝、雞蛋、毛豆、紅蘿蔔一同拌炒，搭配腰果、肉鬆或擠上檸檬汁一同享用。

擺盤方法

選用一長型白盤上，並於其盤右側，斜放一已挖洞的鳳梨，內部襯上芭蕉葉。

左側放上裝碟的腰果、肉鬆、雕花小黃瓜片、辣椒以及檸檬，作為配菜與裝飾。

將鳳梨炒飯填裝入鳳梨盅內，裝填時不需刻意把炒飯壓緊，但可使其滿盛，表現豐富感。

由於料理的主體為炒飯，因此將之炒飯裝盛於鳳梨中，運用鳳梨的大體積，加倍地突出炒飯的明亮色彩形象。

最後在炒飯的上方點綴香菜，即告完成。

左右兩側烘托置中主色的
多彩浮世繪

主廚　蔡世上
寒舍艾麗酒店 La Farfalla 義式餐廳

低溫爐烤鴨胸搭鴨肝襯洋梨佐開心果醬

本道料理以烤鴨胸為料理主體，而在擺盤設計時，主廚以
平面開展的布局，加入多元食材的陳列，以此展現個別食
材的色彩與質地特性。鴨胸肉的紅，為料理主要色彩，因
此選用同為紅色的蔬果番茄與甜菜根作搭配。主色置中，
左右兩邊則取綠色開心果醬與亮黃南瓜泥襯底，在視覺上
讓中央的主色更為集中，而且鴨肉與堅果類食材一細緻一
濃密，口感調味亦配搭得宜。

材料 ｜ 加拿大鴨胸、鵝肝、洋梨、開心果醬汁、番茄、甜菜根。

作法 ｜ 將加拿大鴨胸低溫烹調時讓肉的中心維持 40 度，取出後先以烤箱稍微烤過，再用明火香煎至表皮酥脆，切斜片後擺盤，並將稍微煎過的鵝肝擺至其上。搭配洋梨及開心果醬，讓豐潤的鴨肉及鴨肝入口更為清爽。

擺盤方法

先將開心果泥均勻撒於盤子橫面中線處，幅面與鴨胸長度等寬，畫出盤景中央的擺盤主線。

取 6 片鴨胸並列傾斜的交疊擺放，製造階梯狀的線性流動感。

將鵝肝橫擺於鴨胸上方，讓主菜集聚於中心，兩側留下開心果泥作為襯底。

甜菜根與聖女番茄交叉對放於鴨胸的 4 個角落，聖女番茄的造型極富巧思，燙過以後，剝皮翻開往上塑形，輕鬆營造出立體雕花的效果；此外在加入點狀的南瓜泥，讓中央呈現稍重的紅色，兩側則以綠黃對比。

加上酸膜，以及甜菜根圓形薄片，並在鴨胸肉的旁側加入小堆開心果醬，加強主食周邊色彩的對比感。

此道擺盤看似隨意，食材混合擺放，但在色彩的運用與食材的擺放佈局上，透過兩側的色彩對比，便能有效讓焦點集中在中央的主食。最後淋上橄欖油增添光澤感後，擺盤即完成。

左右對應的色彩連結

主廚　李湘華
台北威斯汀六福皇宮 頤園北京料理

康熙雞裡蹦

本道料理為海陸雙鮮同盤，既有蝦的脆嫩，又有雞的鮮香。
主廚採取左右平衡的擺盤方式，將兩樣主菜分列兩側。雞
丁的部分，由料理名稱「康熙雞裡蹦」發想，延伸出從雞
蛋裡蹦出來的「蛋生雞」概念，以鮮黃米粉炸成「孵巢」
的意象，並將雞丁置於蛋白內，這是主廚對北方傳統料理
的嶄新詮釋。

材料｜明蝦、雞丁、雞蛋、金箔、米粉、吉士粉、黑白芝麻、糖醋醬、櫻桃醬、甜麵醬。

作法｜將米粉泡熱水瀝乾、加吉士粉拌勻備用。將米粉捲成螺旋狀放入油溫約120度定型取出。接著將雞丁炸熟炒甜麵醬拌炒均勻，放在蛋白上。最後將明蝦肉沾麵粉放入油溫約130度中炸熟與糖醋醬拌炒均勻。

擺盤方法

1

左側以白豆沙墊底，上方放置油炸定型後的米粉。

2

米粉內凹處加入剖半水煮蛋白，並於盤面左下角放上蕃茄裝飾；小蕃茄頂部挖洞後，鑲上香草裝飾物。

3

接著將雞丁放入蛋白內，右側盤面則將明蝦傾斜擺放。

4

在雞丁撒上白芝麻，明蝦淋上櫻桃醬。

5

由於明蝦屬紅色系，建議裝飾性水果也以紅色為主，營造出對稱之美。雞丁顏色較深，對立的明蝦旁則壓置同屬深色系的櫻桃醬，讓色彩輕重互為平衡。

6

最後於明蝦頂端鑲上金箔與紅酸模，紅酸模藉由梗部插於濃稠的櫻桃醬汁上，使裝飾更為立體，擺盤即告完成。

運用色彩連結多個分散食材

Chef Owner Angelo Agliano
Angelo Agliano Restaurant

杏仁香橙風味蛋糕佐草莓冰沙

外方內圓的食器便於聚焦構圖之餘,端拿亦相當方便,在內裡圓心處主要以草莓冰沙、香橙蛋糕、茂谷柑、薄荷油所譜寫成紅、橙、黃、綠四色歡快序曲。而茂谷柑與草莓交錯相織,酸酸甜甜的滋味融於一爐,一端綿密香橙小蛋糕與橘子泥相佐,鬆柔口感帶有馥郁香氣,悠揚不膩口。深淺濃淡的四色散落式配搭,以不拘一格,錯落擺盤重點的方法,讓盤面風景更為豐富。

材料｜ 茂谷柑、柑橘果泥、牛奶、砂糖、全蛋、杏仁粉、烘焙粉、Cointreau（君度橙酒）、柑橘果泥、糖粉、吉利丁、無糖原味優格、鮮奶油。

作法｜ 將果泥、糖粉加熱融化後加入吉利丁拌勻，降溫後。將優格和鮮奶油一起打發，再拌入降溫後的柑橘醬即製成蛋糕餡。搭配蛋糕與草莓冰沙即告完成。

擺盤方法

以薄荷油於左下方畫出青綠色竹葉枝節線條。

將橘子泥於以擠點的方式，放置盤右上方做為蛋糕的基座。

將香橙蛋糕置於橘子泥上。蛋糕表皮烤的鮮黃可口，中間與周圍微隱透紅的焦澤帶出井然的深淺秩序，與綠色畫盤一圓一直，一焦黃一青綠相互輝映。

在蛋糕的上端與下方薄灑覆盆子杏仁角，增添輕盈飛舞動美感。接著以鑷夾取茂谷柑放於兩處杏仁角之上方處，與香橙蛋糕的色澤上相呼應。

最後將草莓冰沙放置杏仁角上，並放上糖果薄荷葉點綴增色。

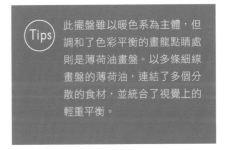

Tips｜ 此擺盤雖以暖色系為主體，但調和了色彩平衡的畫龍點睛處則是薄荷油畫盤。以多條細線畫盤的薄荷油，連結了多個分散的食材，並統合了視覺上的輕重平衡。

Part 2

塑　型

運用模具、捲曲或壓切食材，可以改變食物的外形。沒有固定形體的食材，也可藉此突出料理主體，變化出擺盤立體效果與布局造型！

見 p140

工具

圓形模具

圓形模具

不同大小的圓形模具

挖球器

常見的塑型方法與效果

① 挖球

在蔬果切雕的表現中，挖球器也是經常被使用的工具，挖球器可以輕鬆製造出半圓的球體造型，而將挖球器嵌入蔬果後，再旋轉360 度，移開後可挖出正圓的造型！

見 p130

見 p128

② 捲曲食材

像是鮭魚等較為軟嫩的食材，便可透過捲曲，將其立體擺放；以鮭魚薄片為例，可從較細小的一端由內而外平捲，立體擺放後漩渦狀的捲紋造型更能增添圓圈形的趣味。

③ 壓切塑型

除了切割食材之外，也可以藉由模具的壓切，變化出食材的特殊造型；以波浪型模具為例，在食材上壓切之後，食材即可呈現出波浪般的邊緣。

基本塑型，
簡單呈現立體效果

主廚　詹昇霖
養心茶樓

翡翠炒飯

突破過去總是以炒飯為主角的擺盤，抽離平常加入炒飯
裡的蛋白，加入菠菜汁特意打造為顆顆青綠的翡翠，一
彎月牙圍繞於炒飯周圍跳脫傳統印象，使主配角互相襯
映，演繹新創意。由於年輪白盤中心點稍為偏左，因此
在擺放塑型為圓柱狀的炒飯時，右側的空間則可加入翡
翠月牙的鮮綠畫盤，比鄰排列時即可達到綠與白色的鮮
明跳脫，讓兩邊比重互為平衡。

材料 | 高麗菜絲、青江菜絲、紅蘿蔔丁、香菇丁、玉米筍丁、素火腿丁、白飯蛋白、菠菜汁、甜餅乾。

作法 | 翡翠製作方法為菠菜絲榨打成汁倒入蛋白，隔水加熱，滴出一顆顆翡翠後即告完成。

擺盤方法

1

取一空盤，放上圓筒模具，並將炒飯裝填於模具當中。

2

由於炒飯具有黏性，在塑型上相對簡單，將炒盤填滿模具後，可用力壓緊，讓緊實模具中的炒飯。

3

將圓筒模具提起，即見塑造為圓柱狀的炒飯。

4

將炒飯柱擺放於年輪造型食器的中央後，以湯匙將翡翠蛋白畫出頭重腳輕的月牙形狀。

5

於炒飯上橫放一支條狀甜餅乾，使炒飯與蛋白得以更加平衡。

6

最後加入油炸處理後的蓬鬆牛蒡絲，堆疊於炒飯上打造盤景的立體高度。

燉飯塑型，
做為立體堆疊基底

Chef Owner Angelo Agliano
Angelo Agliano Restaurant

番紅花燉飯與米蘭式牛膝

此料理的最初始版本其實是沒有牛膝的，主廚精選具有一定高度的牛膝，並搭配番紅花燉飯，在此道料理中，重疊了兩種義式料理的氣質。此道擺盤，使用了盤面傾斜，且具有深度的湯盤，整體擺盤素雅簡約，豔黃的番紅花燉飯已極富視覺張力，直挺的牛膝更消弭了盤面的開闊感，兼顧平面與立體焦點。

材料｜紅蘿蔔、西洋芹、蔥、青蔥、蒜頭、番茄、牛膝、白酒、迷迭香、百里香。

作法｜煎鍋加熱，將牛膝煎至上色後備用。準備一深鍋，將絞碎之紅蘿蔔、西洋芹、蔥、青蔥、蒜頭和新鮮番茄炒熟後加入番茄糊、白酒、新鮮番茄、去皮蕃茄、迷迭香、百里香及牛膝以小火燉煮約 1 小時。將肉取出放涼備用，分離牛膝骨和牛膝肉，最後將牛膝肉切塊後與湯汁混和調味即大功告成！

擺盤方法

1

先將圓形模具居中，湯杓將番紅花燉飯舀至入內，加之約模具 1/3 處。

2

待燉飯後加入模具後，雙手壓扣模具，上下地輕晃，使其塑型更為穩固。

3

待燉飯固定後，移除模具即可得到一個美麗的正圓；可見其中絲絲紅薂的材料，正是番紅花花蕊，米粒在經過浸染燉煮後呈蜂黃蜜橘色澤，濃稠飽滿的膏狀質地香甜可口。

4

帶有骨髓的牛膝骨，置於燉飯基底圓心稍偏上方處。

5

燉製完成的牛膝肉則擺落於骨頭旁圍及牛骨中空處，享用餐點時可同時品嘗到軟香骨髓與嫩滑燉肉疊合的美妙滋味。

6

最後輕灑萬能蔥，並以小鑷子夾取山蘿蔔葉輕盈點綴，最後將模具取出，層層疊映的擺盤即宣告完成。

壓切塑型，
素雅襯托湯品擺盤

主廚　連武德
滿穗台菜

玉環干貝盅

湯品的色澤清爽淡雅，突顯蘿蔔跟干貝食材的原汁原味。

擺盤此刻化身為配角，以襯托甘甜不膩口的湯品滋味。

但在進行湯品擺盤時，也可運用塑型，改變食材樣貌，

在品味湯品的同時，加入畫龍點睛的設計趣味。

材料 | 白蘿蔔、蝦泥、干貝、松坂肉、小豆苗。

作法 | 白蘿蔔切塊高約七公分,以模具絷型,中間挖洞放入蝦泥干貝備料,松坂肉片燙熟鋪放盅底,再將所有備料放入,蒸煮 30 分鐘後取出放上小豆苗即可。

擺盤方法

將白蘿蔔去皮後,切成約 2 ～ 3 公分高的底座。

運用挖球器,在蘿蔔的中央挖出一個半圓。

取一波浪型模具,將模具置於蘿蔔上方後,用力壓下;以壓切的方式,將蘿蔔的邊緣,壓切為曲線的波浪型。

在小湯碗的底部,放上一豬肉片做為基底。

將白蘿蔔挖空的圓心處填入蝦泥,並放在豬肉片的上方。

最後在白蘿蔔上方加入一顆干貝,並澆淋雞骨高湯,於蘿蔔的高度,創造干貝浮於湯面的飄逸感受,輔以兩株小豆苗妝點於蘿蔔與干貝間隙之中,擺盤即告完成。

以模具匯聚擱淺，
浸潤香氣芬馥的湯品調性

Chef Owner Angelo Agliano
Angelo Agliano Restaurant

柑橘風味南瓜濃湯

Orzo 義大利米形麵、香酥麵包丁和爽脆彩椒搭配，不僅
在色彩配置上更為輕盈跳躍，亦釀造出不同食材所展現
的多層次質地風味。模具可以應用在製造立體感，或壓
切特定造型。而湯品的擺盤，也可以加入模具塑型的表
現，藉此確認食材的位置以及配色。特別是具有一定濃
稠度的濃湯，會較容易經營食材的位置。

材料｜南瓜濃湯、風乾番茄、南瓜籽、麵包丁、橘子皮、南瓜丁、米型麵。

作法｜先將洋蔥與韭蔥炒軟、炒香後，將南瓜放入鍋中拌炒，加上蔬菜高湯與橘子皮，煮到南瓜軟爛。接著用果汁機打碎後過濾。過濾後的南瓜濃湯放到爐上加熱，加入些許的奶油與橄欖油，將米形麵入滾水中煮兩分鐘、南瓜丁川燙 1 分鐘。取一個小圓模型置於碗中，填入南瓜丁與米型麵即可食用。

擺盤方法

1

將模具置於湯盤正中央，並其中加入白玉隱透的義大利米型麵（Orzo）與濃豔鮮黃的南瓜切丁。

2

模具外圍澆灌南瓜濃湯，澆灌濃湯時，要留意濃湯的高度不可超過模具，讓多汁溫潤的醇郁色澤將米型麵襯映得粒粒分明。

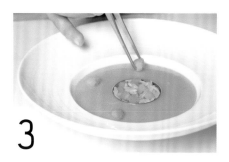

3

以鑷子夾取麵包丁，輕置於湯品五角星形方向。

4

麵包丁塊之間再加入爽脆紅椒，與南瓜籽相互織錦增色。灑上細香蔥末，增加香氣並強化暖色彩的層次。

5

並以長鑷夾將居間模具取出，取出時切忌以維持穩定的手感，以免移動到周遭的麵包丁與紅椒。

6

義大利米型麵體隨即匯聚擱淺於中，最後可再刨削些許柑橘皮，並加入橄欖油點綴，凝塑出香氣芬馥的湯品調性。

多層堆疊拉高度，
緊密水果穩底部

主廚　楊佑聖
南木町

優格干貝水果塔

在堆疊的表現上，線條食材與塊狀食材扮演不同的角色
應對，此料理以圓形塑型的手法做出堆疊的基底重心，
加重盤中物的分量質感，再以綠捲、辣椒做出向上的線
條提升高度，同時平衡厚實的圓柱體，增添些許飄逸的
美感。

材料 | 干貝、當季水果（香蕉、奇異果等有黏稠狀的）、覆盆子優格、巴薩米克黑醋、櫻花花瓣、綠捲、彩色糖粒、辣椒絲、藍柑橘果凍。

作法 | 將水果與干貝切丁，干貝炙燒備用，優格與覆盆子調和成優格醬後，即可進行擺盤。後切成方塊狀。將北海道干貝入鍋煎，起鍋後少量調味即告完成。

擺盤方法

使用巴薩米克黑醋，在圓盤的盤緣進行畫盤，線條由長而短，以 Z 字型的方式繪製，並將櫻花花瓣點綴幾片於線條的左右兩側。

把干貝、香蕉、奇異果等食材切成小塊的丁。

在圓形模具中，先放入切成小丁的香蕉。

香蕉放入模具後，用手塞緊；接著放入奇異果，同樣塞緊後，最上層放上干貝丁；留意每層的厚度盡量一致，脫模後的側面才會漂亮。

每放一層食材都需壓實塑型，接著把模具移到盤中，緩緩向上脫離模具，即可見三層分明的水果塔。

最後在水果塔上方澆淋優格覆盆子，水果塔上堆疊綠捲，撒上彩色糖粒後，一旁的優格覆盆子醬上點綴數顆藍柑橘果凍，最後在頂堆放上紅色辣椒絲，即完成擺盤。

工整堆疊的造型美感

主廚　林凱
漢來大飯店東方樓

黑蒜肥牛粒

潔白的方盤非常適合用於突顯簡約料理的質感，而食材
以方形的造型層疊堆砌帶出趣味感，無論是方盤、肥牛
粒、南瓜與畫盤，皆呈現俐落的視覺效果，全部食材裡
僅有干貝為圓狀，潤飾了整體擺盤過於規距的方正造型，
帶來工整、和諧、融合的視覺美感。

材料｜有機南瓜、金門黑蒜頭、無骨牛小排、北海道干貝、鮮味露、紹興酒、黑胡椒、玫瑰鹽。

作法｜先將牛排入鍋煎，起鍋後將肉排切成方塊狀，灑上黑胡椒、玫瑰鹽調味，再將南瓜煮熟後切成方塊狀。將北海道干貝入鍋煎，起鍋後少量調味即告完成。

擺盤方法

1

在方盤中央以黑醋畫上長條的筆刷，由於主食也是深色，在畫盤時需注意黑醋不過於濃稠。

2

將切成方塊狀的南瓜擺放盤面中央，與長條的畫盤呈現一個十字狀的擺盤。

3

塊狀堆疊的趣味在於，肥牛粒與南瓜，皆以方塊狀呈現，造型可愛有趣。在思考擺盤布局時，也可加入創意，排列出簡單圖形。

4

將肥牛粒與南瓜塊拼湊成方形後，完成基底，此時便可將干貝放置於上方，做出雙重堆疊。

5

將蒸過的黑蒜擺放在干貝上方，製造出金字塔般下寬上窄的造型。

6

在黑蒜上方，再加入一堆綠捲鬚，由於黑色較重，放入鮮綠，可以消除黑色的重量感，同時推砌出視覺焦點，擺盤即告完成。

粉嫩與金黃色澤疊映，
展現小巧可愛氛圍

主廚　連武德
滿穗台菜

蓮霧鮮蝦球

像是書冊般兩側向內隆捲的長形盤面，適合作橫向排列
的立體擺盤。蓮霧是台灣的特色水果，口感爽脆，搭配
炸蝦球的香酥口感，整體調性輕盈舒雅。而討喜的粉嫩
色系水果與金黃色炸物層疊交織。小巧玲瓏的可愛模樣，
是道深受女性顧客歡迎的人氣擺盤。

材料｜蓮霧、大蝦仁、綠捲鬚。

作法｜大蝦仁去腸泥調味入鍋炸至金黃色備用，蓮霧取底部切片作為基底，將炸好瀝油的蝦仁擺放在在蓮霧片上，淋上特調水果醬後擺上綠捲鬚裝飾即可。

擺盤方法

將蓮霧切片削平，取四塊於長盤內橫向排列作為蝦球基座。基座淋上由花生粉、花生醬、沙拉醬特調而成的主廚醬汁，口感帶有甜味及黏稠性。

在蓮霧基底上，依據擺放大小合宜的炸蝦球。

在炸蝦球的金黃色麵衣上方，淋入濃密醬汁。

以長筷夾取蓮霧絲放置於頂，為塊狀食材增添線條感。

最後以綠捲鬚稍作色彩點綴裝飾，擺盤即告完成。

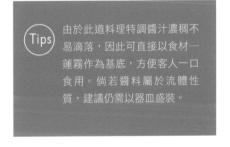

Tips　由於此道料理特調醬汁濃稠不易滴落，因此可直接以食材──蓮霧作為基底，方便客人一口食用。倘若醬料屬於流體性質，建議仍需以器皿盛裝。

運用長形蔬菜，
鋪陳俐落堆疊線條

主廚　蔡世上
寒舍艾麗酒店 La Farfalla 義式餐廳

爐烤特級菲力佐蜂蜜鴨肝醬、油封胭脂蝦佐羅勒米型麵

在經營大量混合食材的擺盤時，也可思考採取金字塔般
的堆疊擺盤設計。先確立擺盤的基底，以青醬米型麵，
草地的形象鋪成作為背景襯底。中層則可放置大塊的肉
品，將圓形的鵝肝、甜菜根、長條塊狀的牛排塞入米型
麵的上方。最後放入細長的紅蘿蔔、胡蘿蔔與玉米筍，
利用蔬菜的細長線條，做出直斜線的垂直堆疊高度。

材料｜菲力牛排、加拿大鵝肝、胭脂蝦、羅勒米型麵、主廚紅酒牛肉醬汁。

作法｜將肉質軟嫩的菲力牛排，進烤箱烘烤回溫至 38 度並鎖住牛肉肉汁，搭配的新鮮加拿大鵝肝淋上蜂蜜即完成，並佐以主廚紅酒牛肉醬汁。配菜胭脂蝦，先以胡椒鹽醃漬後以橄欖油煎熟；羅勒米型麵是將羅勒、大蒜、橄欖油以果汁機打碎做成羅勒醬，拌入具嚼勁並富有麵香的米型麵。

擺盤方法

將青醬米型麵以圓形至於方盤中心。

將接近五盎司的兩塊菲力牛排列於米型麵之上，胭脂蝦夾在牛排中間，上方再鋪以鵝肝。

堆疊出一定的高度後，加入帶葉玉米筍、紅蘿蔔、胡蘿蔔等細長條狀的蔬菜。

擺放細長蔬菜時，可取立式微微傾斜的角度，將之放置在盤景前方，運用食材的線條，形塑出三條如同金字塔般的斜線造型。

接著加入圓形的甜菜根薄片，運用米型麵的黏著度，將之立面鑲嵌於盤面，豐富造型的趣味。

最後加上、裝飾花朵、芝麻葉與雪豆苗，最後於右下角淋上主廚紅酒牛肉醬汁，擺盤即告完成。

義式經典搭配台灣食材，
演繹在地風情

Chef Owner Angelo Agliano
Angelo Agliano Restaurant

石老魚搭配西西里橄欖番茄海鮮湯

由於主廚來自義大利西西里島，以家鄉傳統的西西里橄欖番茄海鮮湯，搭配台灣石老魚混搭出創意十足的在地風情。石老魚的特色在於肉質白而鮮嫩，紮實靡密的口感不易被濃郁的番茄湯掩蔽，此外在湯品澆淋下也不易塌化而開。

材料｜石老魚、蛤蠣、淡菜。

作法｜將石老魚切塊蒸煮，於深碗中加入魚湯、佐料、蛤蠣與淡菜。將蒸好之石老魚放置於魚湯佐料上，再加入魚湯即完成。

擺盤方法

1

將醃漬的去皮番茄置於鍋內中心，橘紅色鋪底基座帶著些微潤澤光感。

2

依序加入淡菜、蛤蠣與橄欖，形成多樣性色彩變化。

3

將帶有綿密厚度的石老魚平鋪於番茄海鮮基底之上，放置的方向以鍋器把手為基準，將直線條於食器內外相互延伸。

4

澆淋上番茄紅湯，由於石老魚肉質紮實不易塌化而能保有完整性，厚度下帶點微紅隱透，紅白對比飄散濃濃西西里風味。

5

最後加上些許香葉佐料，點出紅綠對比，擺盤即告完成！

Tips

在表現湯品擺盤的立體感時，可讓主食的高度較為突出，淋澆番茄湯汁時，高度覆蓋配料即可，讓石老魚肉完成呈現；此外，選用有握把的鍋具，同時也呼應了魚體的直線造型，平添湯品的視覺效果。

以粗獷印襯鮮嫩，
堆疊而出的粉紅高塔

主廚　楊佑聖
南木町

低溫分子蒜鹽骰子牛

為突顯主角骰子牛的鮮嫩粉紅，除了使用多層堆疊的方
式呈現之外，食器的使用以及醬汁的搭配，都是擺盤呈
現的關鍵因素。比如選用原始不經修飾的岩盤，則可對
比出精緻料理與粗獷韻味的矛盾，並以加上濃密青豆醬
襯底，表現材質與色彩的不同趣味的同時，也對比出料
理主體的存在感。

材料 | 玫瑰花瓣、青豆醬、蕎麥苗、嫩煎牛肉。

作法 | 將牛肉放置在 30~60 度的真空環境中，以低溫烹調法熟成後，表面塗抹蒜鹽粉，靜置
30 分鐘入味，以小火煎出香氣，即可進行擺盤。

擺盤方法

在岩盤中由左下至右上以毛刷畫上一道青豆醬。

把煎好的牛肉切成小丁般如骰子的形狀。

將牛肉小丁，以堆疊方式擺放於醬汁上。擺
放時方式讓皮朝下，粉紅肉質朝上。最底層
放入六顆三三一組成兩列，增加底座的面積。
第二層只擺放兩顆。

完成骰子牛金字塔後，跟隨醬汁的線條粗細，
接著在畫盤上延伸出 3 ～ 4 顆的骰子牛，最
後以一顆平放骰子牛做收尾，讓牛肉的堆疊
也做出強弱高低的變化。

於骰子牛上方放上小株蕎麥苗的葉片，牛肉
空隙放上玫瑰花瓣、蕎麥苗梗、醬汁做裝飾。

最後在盤中空白處以湯匙滴上鮮奶油，做出
點狀平衡畫面，仍保留部分空白不填滿，即
完成擺盤。

Tips　因採用方形岩盤，畫盤時以斜角線條的方式處理，畫面看來較活潑不死板。處理牛肉時，
一開始就必須切成相似大小的尺寸，以便後續堆疊上的操作便利性及畫面一致感，堆疊
時，不需刻意對齊，較可營造出具變化不呆板的效果。

層疊兼具透視的
延伸張力

主廚　徐正育
西華飯店 TOSCANA 義大利餐廳

嫩煎北海道鮮干貝襯鴨肝及南瓜

以圓為發想概念，選用南瓜做為打底基礎，賦予料理更
多的甜度及暖色，在堆疊的技巧上，精心夾入具有空間
張力感的蕾絲墨魚片，讓等寬的圓柱堆疊中，多了層大
面積的透視效果，延伸視覺上飽和與想像。

材料｜北海道鮮干貝、鴨肝、南瓜、墨魚汁、麵粉、初榨橄欖油、海鹽、陳年老酒醋、當季生菜。

作法｜將北海道鮮干貝煎至五至七分熟，鴨肝煎熟、南瓜切片蒸熟備用；將墨魚汁與麵粉調合成的漿汁入油鍋炸，做成中空造型的墨魚片後即可進行擺盤。

擺盤方法

1

在盤中以畫圓的方式，畫上一圈初榨橄欖油。

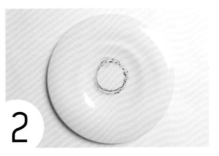

2

接著使用陳年老酒醋，再畫上一圈畫盤，讓兩圈畫盤的面積比食材稍大一圈。

3

在橄欖油畫盤的中央放上南瓜片當作基底。

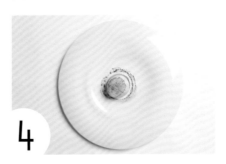

4

南瓜片上並重疊一顆鮮干貝。

5

最後在干貝上方，加入一片大墨魚片製造視覺張力，擺盤的亮點便是這片墨魚片，由於其面積大，且造型特殊，可增添整體料理中的脆感及豐富性，此外墨魚片亦可切碎混合食用。

6

最後在墨魚片上方加入鴨肝，穩定擺盤，並在最上方點綴當季生菜，擺盤即完成。

手捲塑型創造無限迴圈

主廚　詹昇霖
養心茶樓

松子起司鮮蔬捲

利用簡單的捲法與切割，變化食材堆疊的效果。應用捲
法切割的食材，會露出其中包裹食物的不同色彩與質理，
應用於擺盤，即可製造出不同色彩的造型趣味。起司鮮
蔬捲以手工捲起塑形後，藉由刀工平分為六等分並堆疊，
搭配圓形岩盤與醬汁的不規則畫盤，藉由食材、醬汁與
食器衍生豐富層次，襯托深淺顏色的變化。

材料｜蛋皮、海苔、蘆筍、高麗菜絲、素鬆、藍莓果、金桔醬美乃滋、鑽石花椰菜、松子。

作法｜鮮蔬捲的外皮是利用蛋經過薄煎烹調完成。高麗菜切絲備用。

擺盤方法

於蛋皮上放一片海苔、蘆筍、高麗菜絲、素鬆、藍莓果和起司粉。

雙手輕壓餡料向內捲起，於春捲皮接縫處運用美乃滋黏合。

將起司鮮蔬捲去除頭尾，取中段平均切為六等份將橫切面向上，以梅花狀堆疊擺放於黑色圓形岩盤的中央。

金桔醬美乃滋利用湯匙繞著鮮蔬捲畫盤，運作過程稍略停頓表現水滴狀。

取三朵鑽石花椰菜的尖端小花以三角形構圖，點綴於美乃滋之上，呼應主體的立體效果。

於圓盤左下角放入松子，除了增加口感變化，也使得整體擺盤帶來局部細節變化。

捲曲火腿，
綻放玫瑰般的粉嫩嬌滴

主廚　林凱
漢來大飯店東方樓

伊比利豬火腿佐鮮起司

採用番茄與鮮起司做為擺盤基底，做好紮根的第一步，
上方則把擺放特殊塑型之火腿，利用其本身可代表浪漫
色彩的鮮嫩粉紅為發想，將火腿片捲曲成如花一般的形
體，擴充其優美立體感，達到賞心悅目的效果。

材料｜ 伊比利豬火腿片、番茄、青醬、巴薩米克黑醋、鮮起司、薄荷葉。

作法｜ 將伊比利豬火腿片兩片相疊後捲曲成花型備用，番茄及鮮起司切成厚片，即可進行擺盤。

擺盤方法

在圓盤的正中央放上約一公分高的番茄片，作為擺盤的基底。

在圓盤的兩側加入畫盤，左側由下而下拖曳畫出青醬線條；右側的畫盤則採去用點狀表現，點上大小不一的數滴巴薩米克黑醋。

在番茄片基底上疊放一塊稍小的鮮起司，鮮起司都需有厚度支撐，不宜太薄，除影響口感外，擺盤的力量感亦不足。

捲曲火腿時，務必讓火腿需維持冰冷低溫，以免退冰軟化後不易塑型；捲曲火腿時，可分為兩層捲曲，先將火腿片捲曲後，由上往下將邊緣拉出波浪高低的表現。

內層火腿捲曲完成後，此時再包上一層火腿，兩片相疊，外層的火腿同樣由上而下捲曲，增加變化。

最後將捲曲完成的花型火腿，疊在鮮起司上，並點綴薄荷葉即告完成。

捲麵塑型，
金字塔般的立體表現

行政主廚　陳溫仁
三二行館

甜菜麵佐波菜海鮮醬

最簡單也最困難的義大利麵，考驗著主廚的經驗與創意。豐盛的海鮮食材不稀奇，蝦放了幾隻、料放了多少……這些都是表象，義大利麵真正的靈魂是麵條，所以主廚連麵條都親手做，整道菜沒有一項材料是買人家做好的成品。為了表現出對食材的尊重，在味覺與視覺上都保留了原汁原味，以彰顯義大利麵條本身的地位，而捲麵的技巧便成了本菜的靈魂焦點，攸關整道菜的成敗。

材料｜甜菜義大利麵、干貝、紅甜蝦、大文蛤、透抽、波菜、海鮮高湯。

作法｜使用義大利「○○麵粉」加入甜菜汁製成義大利麵；干貝與紅甜蝦煎至五分熟，透抽與
大文蛤川燙後備用；波菜搗成泥後加入海鮮高湯內拌炒成醬汁（○○ = 零零）。

擺盤方法

1

將波菜醬汁置於盤中，然後用湯匙底部以畫圓
方式將醬汁塗散開來；醬汁是義大利麵的基
座，醬汁的黏性，有助於固定捲麵塑型，因此
醬汁的厚度不能太薄。

2

使用叉子插捲甜菜麵，另一隻手則用湯匙盛
起麵條，並固定叉子。

3

湯匙與（麵鍋）平底鍋維持成 45 度角，另手
以叉子捲麵。

4

捲麵時，叉子與湯匙，需垂直 90 度，捲麵速
度快慢沒有影響，由於煮過的義大利麵富含
水分與油脂，一但掌握手感，即可將麵條捲
成金字塔狀。

5

以湯匙將捲好的麵，以 45 度的傾斜角度，放
入盤中，慢慢將湯匙抽出後，先以叉子穩固
麵體，再緩緩將叉子從捲麵中抽離，以免破
壞造型。

6

最後將海鮮食材擺放於麵體周圍，海鮮食材
底部的一半需黏於醬汁上，並微微靠向麵體，
最後加入豌豆苗等配菜裝飾即大功告成！

銀河感黑盤
襯托比利時小白菜

主廚　詹昇霖
養心茶樓

玉葉素鬆

玉葉素鬆不僅將主食以比利時小白菜完美呈現，於擺盤
配飾中，更加入多種造型鮮蔬穿梭於其間，最後於黑盤
邊緣輕灑糖粉，使得整體盤景更為豐盛，蘊含自然空靈
的宇宙感。

材料｜杏鮑菇丁、筍丁、洋地瓜丁、香菇丁、素火腿丁、松子、甜紅椒丁、黃椒丁、中芹末、比利時小白菜。

作法｜將所有材料過油後，加入薑末、蠔油拌炒即完成素鬆的烹調，待擺盤使用。

擺盤方法

1 取 3 片完整的比利時小白菜，分別擺放於盤中央的左、中、右三處。

2 由於在比利時小白菜之間仍有很大的盤面空缺，因此可以加入時蔬生菜，加入整體構圖的高度。

3 持續加入蘆筍、綠捲鬚，蕪菁、羅馬花椰菜、秋葵橫切片與藍莓等時蔬，由不規則的蔬菜形狀表現豐盛盤景，可延伸小白菜的布局，擺設成類似扇形的構圖，同時又以食用花瓣以及筆尖薑拉出高度。

4 於 3 片小白菜葉以湯匙分別放入素鬆，份量約一口大小。

5 用手抓出適量鹽巴，慢灑於黑盤上下邊緣，使淺色蔬菜與白色糖粉一同跳脫黑盤，展現銀河般的無垠想像。

> **Tips**
> 擺盤重點在於利用比利時小白菜，作為素鬆的盛裝容器，在料理口感上會顯得更加清爽，因此擺盤時僅放入 3 片小白菜葉，維持盤景的空氣感，搭配不同種類菜葉的色彩與質感效果，力求達到自然愜意的清爽印象。

脆口趣味，
甜點般的夢幻散壽司

主廚　楊佑聖
南木町

鮭魚親子散壽司

將慣用盛裝冰淇淋的餅皮拿來盛裝散壽司，除了在視覺效果帶來嶄新氛圍，更是品嚐時的酥脆小驚奇。冰淇淋脆餅也可透過加熱，而塑型改變原本樣貌，此手法亦可變化放入其他乾爽無湯汁的菜餚，製造擺盤的造型與口感的不同想像。

材料｜鮭魚卵、壽司飯、餅殼、香鬆、玉子燒、炸麵線、炸義大利麵、藍柑橘酒、櫻花瓣。

作法｜餅殼進烤箱加溫塑型後，搭配壽司飯、鮭魚卵、香鬆與玉子燒，即可完成。

擺盤方法

取一湯碗，在邊緣的圖紋旁，以藍柑橘酒點上數滴做為畫盤，對稱另一邊則先滴上一滴藍柑橘酒，再以手指抹開，做出不同效果的畫盤表現，作為裝盛散壽司的食器。

將冰淇淋脆片先放入烤箱內，以低溫加熱，使其軟化後，立即取出以食指和中指調整其形體。塑型脆餅皮時，可利用四隻手指將餅皮往中間擠壓，擠出一個十字，餅殼空中的形狀。壓出造型後不能立刻放開，要稍微停留，等餅皮冷卻後，<u>塑型才可固定</u>。

將塑型後的餅皮放入湯碗中，再依序放入捏成球狀的壽司飯（壽司飯放入餅皮後要輕壓平為四方形，方便其他食材陸續加入），上方再續鋪放鮭魚卵。

接著放入香鬆以及玉子燒。

最後擺放上炸麵線，並將炸過的炸義大利麵交叉擺放，表面灑上櫻花花瓣即完成擺盤。

易食且變化多元的
蛋殼食器擺盤

主廚　蔡世上
寒舍艾麗酒店 La Farfalla 義式餐廳

鮭魚卵蒸蛋佐杏桃雞肉捲

本道料理運用強烈視覺效果，為盤景留下深刻印象。粗獷風格的黑色石材底盤，以玻璃利口杯與優雅造型瓷勺作為食器。透明的玻璃利口杯身，內部適合作斑斕的花卉裝飾，另外選用土雞蛋也大有學問，由於土雞蛋顏色上與鮭魚卵較為協調，和對應的粉嫩雞肉捲同屬暖色系，將分開盛裝的菜色，輕易勾勒出和諧一致的畫面。

材料｜土雞蛋、加拿大燻鮭、鮭魚卵、雞肉捲、杏桃。

作法｜將蛤蠣湯汁與燻鮭加入土雞蛋裡，裝入洗淨的蛋殼後蒸煮，出爐後再灑上新鮮鮭魚卵；以胡椒、鹽、橄欖油、白酒等提味，並低溫蒸煮的雞肉捲肉質呈現粉紅色，捲在其中的杏桃先以波特酒、白蘭地及肉桂煮過，入口肉質軟嫩並帶有水果清香及濃郁酒香。

擺盤方法

取一土雞蛋，先以小剪刀的尖刺部位，於土雞蛋的頂端輕敲出一個小洞。

用小剪刀從蛋殼小洞以順時針方向，由上圍到下圈逐漸繞著蛋型剪開。

剪開蛋殼時，速度可放慢，支撐雞蛋的另隻手可慢慢旋轉，如同些切果皮般剪出捲曲的蛋殼片。

剪至約蛋身 1/3 處，目測已達湯匙可挖取的寬度後，即可將蛋黃與蛋白倒出，最後可再用小剪刀細修邊緣，讓開口整齊等高。

在黑色岩盤擺放上裝有食用花朵、芝麻葉和百里香的玻璃利口杯，並在造型瓷勺內加入無花果醬與杏桃雞肉卷。

最後在剪好的雞蛋殼中放入蛤蠣湯汁與燻鮭蒸煮，完成後的土雞蛋蒸上置放在利口杯上，並添入鮭魚卵與百里香；在杏桃雞肉捲上加入紅酸膜，擺盤即告完成。

(Tips) 利用玻璃利口杯當作蛋架，使用時可先考量杯子的口徑，只要可以將蛋立起的杯器均可替換應用。

鮮豔水果底座，
便利輕鬆上桌

主廚　連武德
滿穗台菜

百香果蟹肉塔

百香果紫紅色果皮，內呈橘色果肉，是色彩對比性強烈的熱帶
水果。口味酸甜、香氣馥郁，不論顏色與口感上均予人深刻印
象，搭配濃郁焗烤的蟹肉塔，果酸解膩、提味令人耳目一新。
另外百香果可直接作為食器，供客人拿取以挖勺攪拌食用，在
擺盤上須先將圓形底部削平，若擔心仍會滾動可於盤面再舖上
大黃瓜薄片，附著效果更佳。

材料｜百香果、蟹肉棒、蟹鉗肉、海膽醬、蝦卵、麵包。

作法｜蟹肉棒、蟹鉗肉瀝乾切小塊與海膽醬、蝦卵、沙拉醬、麵包起攪拌均勻，用冰淇淋杓挖出小圓球放入百香果對半切開的中間，進入烤箱微焦取出在擺放上柴魚即可。

擺盤方法

將百香果底部削平剖半對切，橫向並列鋪排於盤面。

將蟹肉棒、蟹鉗肉瀝乾切小塊與海膽醬、蝦卵、沙拉醬、麵包起攪拌均勻。

用冰淇淋杓挖出蟹肉塔小圓球，置頂於百香果上。

進入烤箱烤至微焦後取出，並於盤面均勻灑上海苔粉；灑粉時可以維持高度，從高處灑較能均勻地落於盤面，鉤織出淡綠色細密紋理。

烤過後的百香果蟹肉塔取出後，於頂部呈淺褐色微焦處，擠上些許沙拉醬，再以柴魚片裝飾點綴。

盛裝酸甜滋味的
盤中盒巧思

主廚　許漢家
台北喜來登大飯店安東廳

巧克力珠寶盒，香草冰淇淋

寬版圓盤內的小型圓弧讓視覺焦點聚集於中心，以可可巴
芮脆片鋪底，放上塑型後的金粉巧克力珠寶圓盒，裡頭裝
盛富含酸甜口感的草莓與跳跳糖，似乎引申女孩們洋溢青
春的雀躍活力。

材料 ｜ 75% 可可巴芮巧克力、草莓、藍莓、軟糖、跳跳糖、抹茶蛋糕、銀白巧克力、香草冰淇淋、
　　　　　紅醋栗。

作法 ｜ 巧克力珠寶盒利用模具凝固塑型。在上半部表面擦上一層金粉，接著以火燒熱圓柱形工
　　　　　具於巧克力鏤空，頂端再用果泥黏上一顆紅醋栗便完成。

擺盤方法

塑型後的巧克力圓盒可分為上下半球，下半部
裝填食材，上半部燒洞或黏貼其他食材，讓上
下部的裝飾有所區別。

圓盤中心事先填入些許果泥為定位基座，並
放入巧克力珠寶盒的下半圓。

在巧克力圓盒的周圍灑入可可巴芮脆片，並
在巧克力盒中央放入抹茶海綿蛋糕與草莓。

接著依序放入藍莓與小顆軟糖，增添色彩繽
紛度與酸甜口感，。

在珠寶盒裡放進銀白巧克力球與跳跳糖增加
奢華質感，最後於頂層端輕放一球香草冰淇
淋，與深色巧克力形成色彩對比。

輕放巧克力珠寶盒的上蓋於旁，並在冰淇淋
上加入花瓣裝飾，擺盤即告完成。

包裹帶來驚喜，
可多元應用的傳統技法

主廚　許雪莉
台北喜來登大飯店 Sukhothai

香蘭葉包雞

紮實的油炸雞腿肉，提供享用時的滿足食感，藉由泰國
香蘭葉包裹，不但賦予食材充足香氣，更可為造型上增
加期待感，拆開時的撲鼻香氣，是主廚特調的神秘驚喜。

材料｜香蘭葉、雞腿、醬料（泰國醬油、魚露、椰糖、白芝麻）、紅蘿蔔、生菜。

作法｜將醃漬後的雞腿塊以香蘭葉包覆後油炸，沾取醬料即可食用。

擺盤方法

取一片香蘭葉，將長形兩端互相交叉，形成一個又字狀。

將雞腿肉放入香蘭葉交叉後的中空處，其中一端的香蘭葉再交叉入內後收口。

包裹時需確認收口確認，以免烹調過程中散開。拆開包裝的過程中自然會激起一股好奇，由於香蘭葉帶有些許清香氣，也可應用於蒸類的料理。

在盤側擺放生菜，以此為底放上特調醬料盤，並點綴一株簡單的造型紅蘿蔔。

將包裹香蘭葉的雞腿肉油炸起鍋後，放入盤中。

由於食材造型大且不規則，較難以變化特別的布局或構圖，此類食材便可以調整擺放的角度，使其雞腿肉稍稍立起，緊密靠立，讓其穩定擺列，即完成擺盤。

變化主角形體，
顛覆視覺記憶

主廚　楊佑聖
南木町

造身

日式料理不可少的生魚片，運用黏著圓形球體的造型呈現，徹底視覺原先對於生魚片的記憶，透過 360 度的立體塑型，讓觀感有了全新的體驗，搭配半透明的蕨餅墊底，增添入口即化以外的豐富口感，並以滴管概念組合創新元素，令人耳目一新。

材料｜墨魚沙拉醬、菠菜沙拉醬、剝皮紅柑魚、藍柑橘蕨餅、食用花瓣、堅果、醬油。

作法｜將藍柑橘酒、水與葛粉混合熬煮攪拌，倒入模型中冷卻凝固，即成圓球型蕨餅，將去皮紅柑魚一片片鋪黏於蕨餅上使其黏合後，即可進行擺盤。

擺盤方法

在盤中使用湯匙，橫向地滴淋上墨魚沙拉醬，表現出奔放的線條感。

接著在墨魚畫盤的空隙之間，滴淋上菠菜沙拉醬，呈現出抽象表現主義般的畫盤筆觸。

將剝皮後的紅柑魚切片，準備進行擺盤。

取一藍柑橘蕨餅，將紅柑魚薄片片片附貼在藍柑橘蕨餅的球面；覆蓋時可讓魚片上下重疊，最下方的底部，則不需覆蓋，以免放上盤中後球體不穩定。

把包裹紅柑魚薄片的藍柑橘蕨餅放入盤右上方，並在蕨餅上放上食用櫻花花瓣及酸膜葉，盤中點綴三色菊花做為裝飾。

最後依循畫盤醬汁的線條，放上堅果，並在蕨餅旁放上裝上供生魚片沾染的醬油滴管，即完成擺盤。

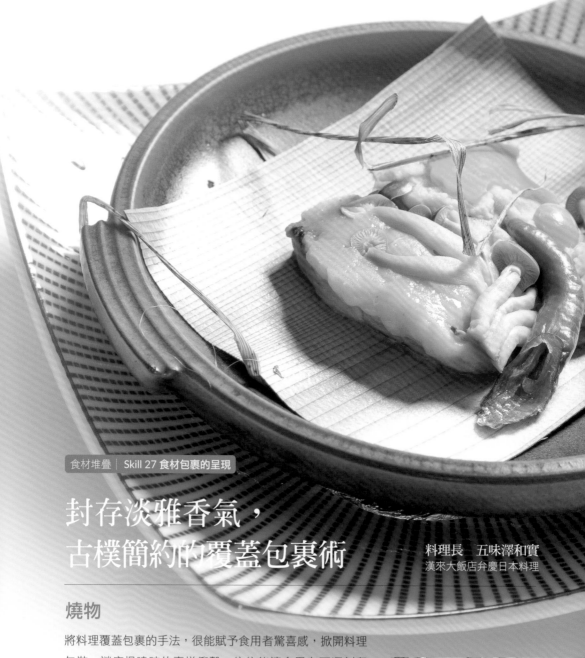

封存淡雅香氣，
古樸簡約的覆蓋包裹術

料理長　五味澤和實
漢來大飯店弁慶日本料理

燒物

將料理覆蓋包裹的手法，很能賦予食用者驚喜感，掀開料理
包裝，謎底揭曉時的喜悅衝擊，往往能讓食用者下深刻印
象。而此料理運用杉板夾入新鮮食材，讓杉板香氣淡淡附著
於其中，不搶食材風味，卻能於口腔中留下一絲雅致芬芳，
搭配繩子綑綁，讓享用者能有拆禮物般的期待與好奇。

材料│白身魚、帆立真薯、紅蘿蔔、鴻喜菇、青椒、銀杏、杉板。

作法│將白身魚、帆立真薯、紅蘿蔔、鴻喜菇、青椒、銀杏上下包夾於杉板中綁起後烤熟，即可進行擺盤。

擺盤方法

取一杉板，放入白身魚、帆立真薯、紅蘿蔔、鴻喜菇、青椒、銀杏等食材。

蓋上另片杉板，綑綁包裹著食材的兩片杉板。

將包裹完成的料理，烤熟後置於食器之中即告完成。

變化包裹外層，傳遞歡樂氣息

主廚　李湘華
台北威斯汀六福皇宮 頤園北京料理

生菜鴨鬆

生菜鴨鬆常見以生菜做為包裹的外層，此擺盤則加入老
少咸宜的冰淇淋甜筒脆片，做為盛裝食材的餐器，具有
好拿且方便食用的特性。內裡再襯以生菜為鮮蔬背景，
深淺漸層的生菜色彩與蓬鬆感，中和鴨鬆濃密口感與香
氣，平添清涼爽口底蘊。而簡易的擺盤方法以及討喜的
外觀，輕鬆營造歡樂氣息，相當適合初學者使用。

材料｜鴨肉、馬蹄、芹菜、香菇、紅蘿蔔、冰淇淋甜筒餅乾、蠔油、胡椒粉、雞粉、糖、米酒。

作法｜將鴨肉、馬蹄、芹菜、香菇、紅蘿蔔切成小丁備用。再鍋中放入少許沙拉油將切丁與調味料拌炒均勻即可。

擺盤方法

於冰淇淋甜筒脆片內部放上生菜，生菜要捲起來放於內部襯底較有變化性。之後再加入由鴨肉、馬蹄、芹菜、香菇、紅蘿蔔製成的鴨鬆於冰淇淋甜筒脆片內部。

最後加上豆苗與芝麻葉於頂部裝飾，置於手捲架上，擺盤即告完成。

麵條包捲堆疊，
變化厚實口感

行政主廚　蔡明谷
宸料理

海膽磯昆布山藥抹茶麵

麵條是每個人從小到大再熟悉不過的基本食材，它的口感
與造型充滿許多變化的可能性，將麵條應用在擺盤設計時，
不僅可以改變料理的口感，同時也可以運用包裹的技法，
轉化料理的面貌。將完成的海苔麵條捲以交錯堆疊的方式
擺放，無論轉到哪一面享用，皆能看到同樣風景的呈現。
食材層層堆疊，拉提出明確的顏色層次感，海苔的深色與
圓盤暗黑色相互呼應，享用到山藥與麵條軟嫩對比的口感
趣味時，即可體會這是一道外暗內亮的擺盤作品。

材料｜ 磯昆布、燒海苔、山藥、抹茶麵線、鮭魚卵、海膽、蔥花、梅子醬、菊花瓣、針海苔。

作法｜ 將抹茶麵束起煮熟約 4 分鐘，麵條鋪在桌上，以燒海苔包裹山藥，再以麵線包捲，外層以磯昆布包覆，去頭尾後將成品分成 8 等分即可進行擺盤。

擺盤方法

1

把煮熟的抹茶麵條束放在保鮮膜上攤平，攤平時維持一根麵條的厚度即可，接著再把麵條的頭尾整齊切平。

2

接著在麵條上擺放長條狀包狀燒海苔的山藥，把山藥切為有厚度的長條狀，再包上燒海苔即可完成；輕提保鮮膜，即用麵條包捲住山藥與燒海苔。

3

包捲麵條時，可使用竹籤或筷子順平麵線，貼合麵線往前推，若太乾可沾水操作；完成後將保鮮膜撕下，讓麵條捲的外層再包裹上一層磯昆布。包裹時，可用雙手輕壓讓它維持磚狀的整齊立體造型。

4

將包捲的完成海苔捲切斷後，便可陸續放入盤中擺盤。在分切海苔捲時，每切一刀都必須擦刀子，以免黏住海苔捲影響美觀；基底的兩塊可採前一後的擺放，另一塊置上橫放，做出堆疊的變化。

5

海苔捲上放入海膽，並於一旁放上鮭魚卵，增加料理的豪氣；撒上蔥花，並在料理的上下左右各點一滴醬汁，醬汁上灑上幾粒白芝麻，以四角型的構圖圍繞擺盤主體。

6

最後在周邊撒上菊花瓣，並於海膽上方點綴針海苔即完成擺盤。

反覆線條形塑的
律動美感

主廚　蔡世上
寒舍艾麗酒店 La Farfalla 義式餐廳

栗子蒙布朗巧克力慕斯佐香草柑橙醬

勾勒出線條之美是本道甜點的重要特色，而轉台是製作上不可
或缺的器具。擠奶油專用的花嘴將奶油切分為三線，疊疊往上
的過程中，不僅勾勒線條對稱之美，並包裹巧克力慕斯，使其
呈現不同風貌。頂端的巧克力片，線條紋理豐富，除了可作為
盛載紅醋栗、開心果與銀箔等飾物外，其質地輕薄不易壓化下
層慕斯。藉由線條具穿透感的紋理表現，更讓視覺合而為一，
增加作品的完整度與豐富性。

材料｜巧克力海綿蛋糕、法國 Cacao Barry 58% 巧克力慕斯法國栗子泥、香草柑橙醬。

作法｜將巧克力海綿蛋糕夾入帶有干邑酒香的法國 Cacao Barry 58% 巧克力慕斯，再將拌入法國栗子泥、卡士達、鮮奶油及蘭姆酒的綿密栗子奶油，層層包裹住巧克力慕斯；搭配的香草柑橙醬以新鮮柑橘及干邑甜酒、香草籽調製，多款香氣於味蕾重疊。

擺盤方法

將圓錐形的巧克力慕斯放於轉台上。

藉由轉台的恆定速率旋轉，使用擠花袋，將綿密栗子奶油由下至上，層層包裹巧克力慕斯。

將圓盤擺放於轉台上方，同樣以旋轉的方式，利用香草柑橙醬進行畫盤。

畫出約莫三圈的畫盤後，運用筆刷工具把柑橙醬順時針撫平，使其呈現漸層溫和的視覺效果。

接著把圓錐形巧克力慕斯放於食器中央，在外圍的香草柑橙醬圓周上，交錯環繞擺放糖漬栗子、核桃與開心果。

最後於巧克力慕斯放上手工巧克力片，巧克力片上再綴以紅醋栗、開心果與銀箔鑲飾，擺盤即告完成。

包裹高低層次的
立體美學

副教授　屠國城
高雄餐旅大學餐飲廚藝科

西洋梨牛肉腐衣包

腐皮或春捲皮的包裹法，可將料理做成小巧可愛的袋狀造型，
此類料理因具有立體高度，故在擺盤時可加入大小與高低層次
的對比。本擺盤便選用中央凹陷的圓盤，擺放造型立體的腐皮
包，從不同角度觀看擁有不同的視覺高低變化，再運用鮮豔顏
色的蔬菜裝飾，中和腐皮的自然色系。以紅酒醬汁澆淋在盤面
周圍，營造視覺韻律感，除了強化整體盤面的色調，亦增添擺
盤的豐富層次感。

材料 │ 牛菲力、西洋梨丁、西洋梨泥、腐衣、蘋果醋、柴魚醬油、蘆筍段、甜椒片、鹽、胡椒、
　　　　棉繩、韭菜花。

作法 │ 牛肉以蘋果醋、醬油醃製後炒半熟放蘆筍及甜椒拌炒，加胡椒鹽，起鍋前拌入西洋梨丁。
　　　　包入腐皮包起，以棉繩綁起韭菜花放入烤箱烘烤，蔬菜圍邊即可。

擺盤方法

將做為餡料的牛肉、蘆筍、甜椒與西洋梨丁
傾倒在腐皮上。

抓起腐皮的左右兩側，把食材包入其中，並
腐皮收邊。

在腐皮上方的束口，以棉繩（也可使用韭菜
花）綑綁固定形體，以避免食材散落，再以
替換棉繩綁結。

修剪上方過長的腐皮，讓腐皮包的上下比例
均衡。

將放入烤箱烘烤後腐皮包放置於盤面中央凹
陷處，並在周邊擺放丁狀的紅蘿蔔、蘿蔔以
及秋葵，創造立體層次。

最後在盤面，以環狀淋上紅酒醬汁，增加腐
皮與配菜中間的和諧感，擺盤即告完成。

澆淋變化驚喜，
包藏神秘的冷熱甜品

主廚　楊佑聖
南木町

熔岩胡麻巧克力

為讓甜點擄獲食客的心，選用蛋型巧克力包裹甜蜜食材，藏於雞蛋中的神祕驚喜，讓人備感期待，澆淋上加熱的胡麻醬汁，讓巧克力球自然破蛋融化，驚豔度百分百，胡麻醬的溫潤滋味與巧克力完美搭配，是色香味俱全的幸福甜點。

材料┃ 巧克力、鮮奶油、麻糬、厚燒、菊花、蕎麥苗、海棠花、櫻花花瓣、胡麻醬。

作法┃ 將巧克力灌模做成空心球體，胡麻醬加熱備用，即可進行擺盤。

擺盤方法

取依中央深陷的湯盤，在盤中間滴上一滴熱巧克力漿，接著黏上半個巧克力球體。

於巧克力半球中擠上鮮奶油，當作基底。

然後放入麻糬與厚燒，並加入黃色菊花、蕎麥苗及海棠花點綴。

接著蓋上另一半的巧克力半球，並使用噴槍融化上下巧克力片的邊緣，讓上半與下半黏合成一個圓球體，並在球體邊緣撒上櫻花花瓣、蕎麥苗點綴。

最後在料理要上桌前，便可將熱的胡麻醬澆淋於巧克力球上方。

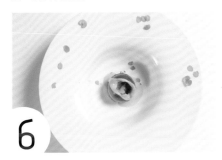

熱胡麻醬會使巧克力自然融化，窺見內餡，胡麻醬加得愈多，巧克力也融得愈多，可依個人喜好決定是否繼續添加胡麻醬汁。

運用切割，
變化扇頁美感

主廚　連武德
滿穗台菜

烏魚子拼軟絲

白淨無華的四方盤面，於上方處勾勒一抹波瀾，增加食器動態
丰姿。擺盤基底運用竹葉、牛番茄及大黃瓜，為盤面畫作三等
分，勾勒出主菜、配菜的比例與定點位置。其中竹葉選用中間
區段，弧形構圖佔據盤面 1/2，大黃瓜薄片呈半透明青色，圓
形疊映下依稀可見純透，兩種深淺綠色，分別賦予底部不同質
感。而扇頁開展的烏魚子、水梨與茄子，豐富的色彩與參差角
度，花團錦簇地呈現台菜澎湃熱鬧意象。

材料｜烏魚子、軟絲、水梨、蒜苗、茄子。

作法｜將烏魚子、軟絲、水梨、蒜苗、茄子各別斜切片備料即可。

擺盤方法

放入竹葉，斜切的牛番茄，大黃瓜切片，紅潤牛番茄居中，兩側為互有深淺的綠色葉片與黃瓜薄片，並運用食材的切法與擺放角度，讓擺盤風景富有曲率變化。

將生菜置於竹葉與大黃瓜薄片之上，淋上沙拉醬後，將軟絲片切置於大黃瓜一側生菜沙拉之上。

將烏魚子切片，以斜切的方式，製造連續片狀的布局設計。

斜切烏魚子時，可以運用食材本身的黏性，在切片的同時，以相同間隔將之展開為半圓形扇狀。

同樣將水梨與茄子切片，讓烏魚子置前，搭配食用之水梨於中，裝飾作用的茄子置後。最後於後方擺放白蘿蔔立體雕花裝飾，並於竹葉左側角落加上蒜苗，作為水梨外搭配烏魚子食用的另一選擇。

切出層次，
易食並提升視覺賣相

料理長　羽村敏哉
羽村創意懷石料理

干貝真丈湯

為求口感滑順綿密的干貝真丈能工整表現，因此在其各個面向
上，仍需做細微的修飾及切割，讓其呈現光滑、平整的形體，
在碗中散發白嫩無瑕的層次及立體。切割完成的造型，即可搭
配其他配菜。而在日本料理中，較不常讓食材散落表現，因此
將鴨兒芹以打結的方式處理，同時增加口感及造型賣相。

材料｜山藥泥、蛋白、干貝、明蝦、鴨兒芹、香菇、柚子皮、高湯。

作法｜將山藥泥、蛋白、干貝調理後蒸成一塊如豆腐的形體（稱作干貝真丈），適度切割後放入碗內，依序放入燙熟香菇、燙至半熟明蝦急切片柚子皮，淋上高湯蓋上碗蓋即可上桌。

擺盤方法

取出蒸好的干貝真丈。

由於其外型不夠工整，因此需要切割塑型，使其工整。

先將不規則的邊緣切除，使其成為一立方體。

接著進行切割，預計將切成 4 片，故下刀時記得掌握距離。

切割完畢後，推開黏合切塊的干貝真丈使其呈現階梯般排列，因其組織相當綿密，動作必須小心翼翼進行，以免損壞其費工造型。

最後將干貝真丈放入碗中，側邊放入兩支切半的明蝦，製造紅白相間的高雅配色；並陸續加入香菇、打結的鴨兒芹、切片柚子皮後，從側邊淋上高湯後，蓋上碗蓋即完成擺盤。

圓與方的巧妙平衡

副教授　屠國城
高雄餐旅大學餐飲廚藝科

番紅花洋芋佐帕瑪火腿乾

運用馬鈴薯螺旋器將洋芋製成螺旋般的長卷，搭配方正的白色餐具，在擺盤上呈現方與圓之間的對比樂趣。而番紅花洋芋卷的擺放，刻意不與正方形的四邊平行，以對角線的方向擺設，在視覺上拉長延伸。運用鰻魚醬汁、綠捲鬚、帕瑪火腿乾點綴盤面，以黃、綠、紅等多樣色彩元素增添層次與視覺平衡。

材料｜ 馬鈴薯、帕瑪火腿、番紅花、煮熟蛋碎、鰻魚碎、荷蘭芹碎、橄欖碎、蒜頭碎、高湯、鹽、胡椒、白酒醋。

作法｜ 馬鈴薯挖成螺旋狀，用高湯及番紅花烹煮後瀝乾放入盤中。將帕瑪火腿放入烤箱烤成脆片，再放在洋芋螺旋上，白酒醋加入橄欖油調勻再加煮熟的佐料，淋在洋芋旁佐食即可。

擺盤方法

取一馬鈴薯，用馬鈴薯螺旋器刺入其頂端。

將馬鈴薯螺旋器轉入馬鈴薯內部，類似用開瓶器刺入軟木塞一般，直到螺旋器的尖端穿過馬鈴薯。

將馬鈴薯置於砧板，馬鈴薯直切，已取出中央的螺旋器與洋芋捲，切割時注意深度，避免切到洋芋捲。

將馬鈴薯掰開後，即可得到洋芋捲。

烹煮後的將 4 條大小番紅花洋芋卷以對角線擺放於方盤中，並於盤中澆淋橄欖油與清爽的綠色鰻魚醬，並加入綠捲鬚放與番茄創造色彩變化。

最後將烤過後的帕瑪火腿乾，以特殊的傾斜角度放置於番紅花洋芋卷裡，均衡視線並兼具脆與嫩的不同口感。

切割表現流動
滑順料理質感

行政主廚　蔡明谷
宸料理

軟絲涓流

利用碎冰做為基底的高低差，讓以刀工切成細絲的軟絲能表現其晶透及流動感，由左上至右下，彷若自然流下的瀑布美景。同時以碎冰呈現，更可維持軟絲的新鮮品質，保持其彈 Q 的迷人口感。

材料｜軟絲、白蘿蔔、防風、鮭魚卵。

作法｜新鮮軟絲去膜，切成長方形細絲，白蘿蔔切成薄片製作成花朵形體，即可進行擺盤。

擺盤方法

將白蘿蔔以均等斜切的方式切成白蘿蔔薄片，再將白蘿蔔薄片整片捲起泡水，即可使白蘿蔔片軟化。

將白蘿蔔薄片上下對摺，並在下方以傾斜的角度間隔地切出直線。

接著將白蘿蔔薄片收為一束，以牙籤固定，即可做成白蘿蔔花。

食器內鋪放上碎冰，左上可鋪較高，往右下逐漸可鋪成平面，高處放入鹽塊，碎冰的中心點再放入兩塊鵝卵石，以便後續作為支撐軟絲的基底。

接著將軟絲去膜，並切成長方形細絲，從高點向下鋪放切割出細長線條的軟絲，營造如瀑水流水般的效果。

最後在軟絲旁放上防風點綴，盤中左下方放入白蘿蔔花，於其中央點綴鮭魚卵，即完成擺盤。

(Tips)  擺放軟絲時，可以鐵筷做為輔佐工具，便於整形及移動，不要一長條到底的直接平舖，由於底下鋪有石頭，順應高低變化，便可以加入皺褶，讓軟絲向內折，形塑出曲折往下的彎曲變化，會讓擺盤更為生動。

絲絲入扣，
口感與視覺的完美饗宴

行政主廚　蔡明谷
宸料理

三色細麵

這道三色是運用紮實的基本刀工，取代機器切出絲絲細麵，無論在視覺及口感上，都擁有與眾不同的美感及驚豔度。使用山藥、茄子小黃瓜等常見的蔬菜，利用切割的技法，改變食材的原有造型，將之化身為麵條般的細緻，再搭配鮮豔小菊花，實際品味料理時，亦會感受到料理口感與外型的矛盾衝擊，這也是運用切割變化食材造型的趣味所在。

材料 | 小黃瓜絲、山藥絲、茄子絲、鮭魚卵、海膽、小菊花、魚子醬、紫蘇花、日式涼麵醬汁。

作法 | 小黃瓜及山藥從外圍切長薄片，之後切絲備用，茄子也切長薄片，之後切絲，將茄子絲裹上太白粉下滾水川燙後冷卻，即可進行擺盤。

擺盤方法

1 將茄子、山藥與小黃瓜皆刨成薄片（圖片以茄子為例）。

2 再將刨成長薄片的茄子，切成細絲，裹上太白粉下滾水川燙後冷卻，即可製成茄子細麵（小黃瓜與山藥可生吃）。

3 將切好的山藥絲捲起收尾，放入食器正中間，左方放入小黃瓜絲，右方放入茄子絲。

4 在山藥絲麵上放入鮭魚卵，茄子細麵上加入海膽，鮭魚卵的前端則放上魚子醬。

5 最後將紫蘇花橫放於三色細麵上，側邊放上整朵小菊花，從旁淋上日式涼麵醬汁即可完成擺盤。

Tips

切三色細麵時，須將刀面貼合蔬果，從外圍一圈圈片下其薄片，再放置料理台續切成為細絲，川燙時盡量維持整束的原狀，以利後續擺盤美觀度；除了手工切絲，市面上也有販賣日式的刨絲器，可製造切絲效果。

多重食材造型的
變換協奏

Chef de Cuisine Olivier JEAN
L' ATELIER de Joël Robuchon

經典魚子醬佐燻鮭魚鑲龍蝦巴伐利亞

搭配主食的配菜,除了以食物原貌呈現,也可以應用切割的
技法,改變原有造型後,再做搭配。此道擺盤裡,鮭魚與龍
蝦巴伐利亞以平捲塑形,蘿蔔配菜則利用刀工,轉換了食材
原有的樣貌,搭配芥末醬點狀畫盤,重新詮釋了多重造型集
中於盤景的圓融協調。

材料｜燻鮭魚片、龍蝦巴伐利亞、白蘿蔔、紅蘿蔔、小黃瓜、魚子醬、芥末醬、橄欖油、西班牙辣椒粉、金箔。

作法｜將生鮭魚片包覆龍蝦巴伐利亞以平捲塑型放入冷凍，取出後將前後兩端切作尖角，仿若雪茄造型為盤景增添趣味。

擺盤方法

1

先在圓盤右側的空白處，以海綿印章與水彩蓋印小花的圖型，三個顏色對應食材裡有的色調延伸，使得平凡的白盤多添活潑意趣。

2

在盤中放入斜切為雪茄狀的鮭魚鑲龍蝦巴伐利亞。

3

將白蘿蔔以刨成一薄片後，用切割為長方型，將兩片長方型交疊成十字，中間放入切成細丁的紅蘿蔔與小黃瓜。

4

先將水平方向的白蘿蔔片向中心封起，再使最外層的白蘿蔔片作為最後包覆，並讓交疊處朝下壓住，即完成配菜的包裹。

5

將蘿蔔配菜以三角構圖擺放於鮭魚捲兩側後，在食材周圍滴上不規則大小的點狀的橄欖油與芥末醬，並輕灑西班牙辣椒粉修飾。

6

最後取兩支小湯匙在鮭魚捲上採直線堆高方式，加上一排魚子醬並點綴少許金箔，增添此道料理的奢華感。並在配菜蘿蔔上裝飾酸膜葉，即告完成。

襯映大型主食的
小巧配菜修飾

副教授　屠國城
高雄餐旅大學餐飲廚藝科

威靈頓豬菲力佐紅酒醬汁

為避免呈現傳統配菜的擺放方式，這道料理將重點擺放在食材的
刀工與塑型，加入大量的蔬果配菜。以小巧精緻的配菜，對比大
塊造型的主菜。在純白的圓盤上利用綠、橘、紅、黃等豐富色彩
以圓狀擺盤點綴，在配菜的刀工上展現各自的意趣，而醬汁的造
型更是修飾整體視覺動線，使整個擺盤有如一幅春意盎然、風和
日麗的景致。

材料 ｜ 豬菲力、起酥皮、洋菇、洋芋、鵝肝醬、紅蘿蔔、紅蔥頭、紅酒、肉濃汁、蛋。

作法 ｜ 將豬菲力煎上色，洋菇切小丁炒過製成蘑菇醬。將起酥皮包入蘑菇醬、鵝肝醬及煎上色的豬菲力，表面抹上蛋液，烘烤酥皮成金黃色即可。炒香紅蔥頭，加入紅酒、肉濃汁濃縮至成紅酒醬汁，放上烤好的威靈頓豬菲力，淋上醬汁即可。

擺盤方法

1

使用挖球器，將紅蘿蔔挖成小型球狀，並使用刀子將紅蘿蔔球的底部切除。

2

將花嘴壓進紅蘿蔔切平的底部，接著以刀繞紅蘿蔔切劃一圈，此時要用手扣住花嘴以避免紅蘿蔔脫落。

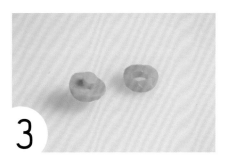

3

底部切掉後即可得到一個蘑菇狀的紅蘿蔔以及簍空的紅蘿蔔環。

4

將造型紅蘿蔔、洋芋、番茄、洋菇等配菜以圓形排列，放置於圓盤周圍，將切成圓形的小黃瓜擺放在紅蘿蔔的缺口上，創造立體高度。

5

在盤中擺放包入鵝肝醬與豬菲力的酥皮。

6

最後以紅酒醬汁在酥皮周圍勾勒修飾，醬汁圍繞主菜呈環狀造型，並於酥皮上擺放一株傾斜的迷迭香即告完成。

刀工的修飾 ｜ Skill 29 配菜的刀工修飾與塑型

立體雕花與平面菜飾，
創造龍飛鳳舞生動盤景

主廚　李湘華
台北威斯汀六福皇宮頤園北京料理

大漠孜然銷香排

此料理改良自唐朝宮廷菜，以飽滿的腩排搭配孜然與 20 多種香料
製成，香氣馥郁充滿西域豪邁風情。為襯托豪爽大器的腩排主菜，
以龍雕與青江菜製成的飛鳥作為擺飾。青江菜的飛鳥概念，發想
自慈禧六十大壽的「百鳥朝鳳」菜色，如此塑型可使擺盤充滿「龍
飛鳳舞」的生命力。此外，建議操作時使用較大的青江菜，而在塑
型後，禁用水煮，需用蒸煮形體維持度較佳。

材料｜腩排、青江菜、黑芝麻、紅蘿蔔、蒜酥、辣椒末、孜然粉、百里香、咖哩油、醬油、黃酒、雞粉少許。

作法｜將腩排與調味料醃製 2 天備用。放入蒸烤箱溫度 180 度蒸烤 30 分鐘後取出。再將青江菜雕塑小鳥形狀後燙熟。塑形後禁用水煮，需用蒸煮形體維持度較佳，，最後將蒜酥、辣椒末灑上烤好的腩排上即完成。

擺盤方法

先將以蘿蔔雕刻的巨龍雕花與綠色巴西利，放置於圓盤上方 1/4 處，龍頭朝右側置放後，將主食腩排置中盤面，並於其上方撒放蒜酥、辣椒末提味。

取一青江菜，摘折約 1 至 2 片菜葉，使鳥身的圓弧形狀更為輕盈飛揚後，在菜梗前緣，運用雕刻刀或水果刀，雕刻鳥嘴形狀；初學者可雕出簡易三角 V 型即可。

接著以在梗葉上緣，使用鴨針等工具，戳出細洞，再以手指沾取芝麻塞放至洞內，當作鳥眼。

取一胡蘿蔔片，以雕刻刀劃出如圖般的弧形。

接著在青江葉的梗葉頂部，以雕刻刀劃出一條直線，將胡蘿蔔片製成的鳥冠塞至劃開的直線內，並把菜葉部位須修剪削裁為 V 字型，即完成塑型。

最後將由青江菜製成的六隻鳥兒，依繞著圓盤，傾斜擺放於盤面下方，鳥的頭與龍頭相反方向，完成擺盤。

刀工切割，
延伸配菜視覺層次

主廚　林秉宏
亞都麗緻集團麗緻天香樓

龍井蝦仁

經典的杭州菜龍井蝦仁由於主食較為單一，擺盤時除了選擇特殊造型食器盛裝外，此道擺盤也能透過配菜刀工的運用，令龍井蝦仁與配菜相輔相成，創造輕與重的視覺效果對比。

材料 | 蝦仁、龍井茶葉、鹽、蛋白、太白粉、紹興酒、醬油、鎮江醋。

作法 | 新鮮河蝦仁手工挑除泥腸後，以鹽、太白粉洗去表層髒汙吸乾水分，以溫火過油，搭配雨前龍井茶葉拌炒，起鍋前鍋邊淋上少許紹興酒，即可盛盤。

擺盤方法

取一牛番茄，將之對半橫切後，在果皮處，由上至下循序漸進切出 V 型的刀痕。

依據切出四個 V 字後，把番茄向前推開，衍生階梯般的層次感。

再將取兩個切成 1/4 的牛番茄，切削其表皮至一半處，利用刀背使果皮產生弧度。

中生菜葉以手撕去葉梗，抓住尾端，將生菜圍成圓形後，作為牛番茄的底座，並與番茄一起放入盤左下方。

在牛番茄旁放入洋香菜，並擺入兩朵紫色生花，使顏色展現豐富對比。

最後在盤中心以大湯匙盛放大量龍井蝦仁，堆高擺盤展現主食的立體層次，即完成擺盤。

Part 2

比例與層次

愈複雜的布局，就會製造愈多比例與層次的變化；只要搭配得宜，簡約清爽的擺盤也可以變化出抽象、立體以及讓人印象深刻的料理情境！

見 p320

常見的平面擺盤布局

① 留白

透過留白，有時能夠有效可以對比出料理的主體，盤飾的呈現會具有空氣感，且有助於注焦在料理的主體上。料理可以線或點的方式呈現，變化出不同的空間效果。

見 p264

見 p316

見 p306

② 順應食器造型

順應食器造型的擺盤，把食材理解為線或點或面的元素，先確認食材與食器的造型，再把這些元素放入盤面中。直接順應食器的造型，不僅能夠有效表現食材的特質，也會讓擺盤的表現較為省力。

見 p250

見 p254

見 p278

③ 盤面的均衡散布

用食材填滿整個盤面，讓盤面中充斥大小線點等不同類型、不同元素的食材，可以讓盤飾帶有抽象、有秩序、或不同材質混合呈現的趣味。

見 p66

見 p296

見 p294

見 p212

見 p218

常見的立體擺盤布局

① 塔狀堆高

可用二到三層的堆疊方式，表現出塔狀堆高的擺盤，有時也會讓週遭特別留白，讓中央拉拔出高度，突顯視覺焦點。

見 p150

見 p140

見 p138

② 圓筒塑型

運用模具表現料理主體，把食材堆聚為立體造型，也可在盤飾中結合多個塑型後的食材，進行變化。

見 p130

見 p420

見 p136

③ 交錯擺放

透過食材的交錯，堆疊出視覺方向性的變化，有時也可帶來立體效果。這種技法也很常被運用在擺盤局部細節的經營。

見 p284

見 p252

見 p288

運用交錯位置，
引導盤飾方向

Chef de Cuisine Olivier JEAN
L' ATELIER de Joël Robuchon

經典魚子醬襯生食鮭魚韃靼

思考擺盤布局時，可先想像食器中央具有一條參考線，再
依照這條中心線分配盤景的位置。重點在於食材擺放的位
置與色彩不宜破壞中線的平衡感，讓參考線的上下左右互
補對比，便能達到平衡的視覺效果。擺盤時可有秩序地將
食材做等分處理，確保每一口的分量與口感。此類料理在
思考擺盤食，便可採取左右、上下方向的交錯擺放，產生
視覺上的韻律感。

材料｜生食鮭魚韃靼、魚子醬、龍蝦高湯凍、羅勒醬、蒔蘿、金箔。

作法｜將生鮭魚肉切成碎狀，拌入蔥、胡椒、鹽，橄欖油以及其他特調醬料，搭配魚子醬與龍蝦高湯凍即告完成。

擺盤方法

1

圓筒模具放在白盤的右上方，接著以小湯匙挖入生食鮭魚韃靼，厚度約一公分，以此當作擺盤的起點。

2

接著同樣的步驟，在食器中下與左上方塑型。

3

取出已成薄透狀的龍蝦高湯凍，選擇能夠覆蓋生食鮭魚韃靼大小的圓筒模具，在高湯凍上壓出圓形。

4

利用湯匙刮除圓形高湯凍周圍的多餘食材，並將平湯匙沾點水保持潤溼，運用刮刀鏟起塑成高湯凍，並放置於生食鮭魚韃靼上方，增加不同質感的變化。

5

擠花袋在主要食材空隙之間加入羅勒醬，辣椒粉及雙色橄欖油也以點狀填入。營造視覺變化的重點在於，食材與醬汁都不是壓在正中，而會在盤中心橫線的上下方，以此變化卻又維持中線平衡。

6

最後將魚子醬以兩支小湯匙反覆塑造成球形，疊放於生食鮭魚韃靼頂端，並於同一處添上金箔便完成。

側邊擺放混合食材，
輕重對比整體盤飾

主廚　許漢家
台北喜來登大飯店安東廳

小龍蝦酪梨沙拉佐核桃醬汁

本料理的食材多元，有清脆爽口的小龍蝦、富含油脂的酪梨、晶瑩剔透的柴魚凍，以及生菜。此類綜合食材的擺盤，若不適合以堆疊技法表現主從關係時，便可透過構圖的趣味，襯托出擺盤的主從關係。主廚將兩樣食材切作塊狀交錯排列，並模仿小龍蝦的外型創作出圓弧線構圖，刻意讓方盤的另邊大量留白，刑塑出空曠感；透過輕重對比，便能集合多種食材凝聚焦點，再利用畫盤畫出五線譜，填上核桃音符，完成一道多元食材的交響曲。

材料｜龍蝦、酪梨、柴魚凍、牛血葉、酸模、紅生菜、核桃、義大利巴薩米克醋。

作法｜清燙小龍蝦切作圓塊，酪梨洗淨切丁，並將柴魚高湯加入醋與吉利丁製作為柴魚凍，最後把生菜洗淨後待擺盤使用。

擺盤方法

切成圓塊狀的小龍蝦以弧形排放於方盤左側，間隔中加入塊狀酪梨，維持盤景空曠感。

於小龍蝦與酪梨之間放入櫻桃蘿蔔和柴魚凍，不規則凍狀食材透過光線呈現晶瑩剔透，營造此道擺盤的精緻質感。

插入牛血葉、酸模、紅生菜於左側擺盤裡，讓生菜葉的高度於盤景構圖中展現立體感，最後淋上核桃醬汁。

最後在右側盤景以義大利巴薩米克醋利用醬汁瓶，由方盤中心朝兩點鐘方向畫四條平行細線。

在畫盤線條上，間隔放上核桃，象徵音符的跳動，增加擺盤的變化與趣味。

若僅有畫盤線條，視覺上仍不平衡，加入核桃後，兼具脆與嫩的口味，更可加強視覺上的實體感，擺盤即告完成。

運用生菜小黃瓜，
平衡視覺效果與口感

主廚　許雪莉
台北喜來登大飯店 Sukhothai

香茅蝦

混合食材的擺盤，較難突顯主從關係，此時即可從料理配菜
進行變化。比如泰式料理偏辣且重口味，尤適搭配清爽蔬菜
平衡辣度，盤中的生菜、小黃瓜是最佳良伴。為了讓享用者
能佐其共食，即可調整配菜造型，突顯生菜與小黃瓜的立體
感，強調其存在，另方面也是提醒使用者記得食用配菜。透
過簡單、好拿取的擺盤技巧，提升蔬菜的食用率。

材料｜香茅、洋蔥、蝦子、豬肉末、醬料(檸檬汁、魚露、辣椒、大蒜)、腰果、薄荷葉、生菜、小黃瓜。

作法｜將燙熟的蝦子及豬肉末與香茅、洋蔥、醬料涼拌後,點綴腰果及以薄荷葉,佐生菜及小黃瓜食用。後把生菜洗淨後待擺盤使用。

擺盤方法

1

將涼拌後的香茅蝦放入盤中,並保留盤上方的空間,稍後可加入配菜。

2

接著在表層擺放完整蝦子,讓重點食材展現於上方,營造出視覺層次感。

3

在盤右側邊放細條狀的小黃瓜,並於盤上方擺放多片三角狀生菜,拉拔出近低遠高的立體感。三角形的生菜與長條小黃瓜,除了可以帶出高度,也可作為包裹香茅蝦的材料,增加料理的鮮爽感。

4

撒上腰果,增加脆硬的口感變化。

5

加入薄荷葉,及造型辣椒,加強裝飾增添食用口感,擺盤即告完成。

食材延伸變化，
主配角互相襯托的美感

行政主廚　蔡明谷
宸料理

麒麟甘雕

馬頭魚的肉質鮮嫩，可帶麟享用，感受其外脆內嫩的雙重
口感，為表現其自然生態的感，選用以大地素材樹皮為基
底，且以樹皮外會長出菇類的構思發展其周邊配菜，讓菇
類緊緊依靠樹皮，延伸自然界的生生不息。兩者彼此襯托，
點綴紫蘇花穗增添生氣，讓擺盤更為活潑俏麗，呈現一道
園藝好心情的盤飾情境。

材料 ┃ 帶鱗馬頭魚、茗荷、美白菇、鴻禧菇、香菇、去皮番茄、水菜、山茼蒿醬汁、紫蘇花穗。

作法 ┃ 將帶鱗馬頭魚淋油放入烤箱以中小火烤熟，香菇雕花烤熟備用，以玻璃杯盛裝山茼蒿醬汁，即可進行擺盤。

擺盤方法

於盤內放上一塊彎曲襯出高度的乾燥樹皮。

配合樹皮的長條型，由右而左，以線性的方式，開始加入各類食蔬。

依序放上鴻禧菇、茗荷、美白菇及去皮番茄，左右兩側放上水菜裝飾，鴻喜菇前端疊放則雕花香菇。

樹皮上堆疊放上帶鱗馬頭魚，馬頭魚本身的質感與樹皮很接近，也可利用樹皮的墊出高度，強調料理的主題。

最後在菇類的右方放入醬汁杯，並於木頭及馬頭魚上點綴紫蘇花穗，即完成擺盤。

Tips

雖然使用有深度的食器，但建議山茼蒿醬汁還是盛裝於玻璃杯中另行放置，保持擺盤的整潔與構圖，亦可依照飲食習慣斟酌沾取，口味可自行選擇輕重。

同一色調並局部突顯的
食材混放擺盤

料理長　羽村敏哉
羽村創意懷石料理

玉筍萵苣明蝦

在懷石料理中，此道地位如同安可曲般的小點心，為讓品嚐者能在飽足主餐後續嚐此美味，因此選用透明的小杯盛裝；托高食材，並刻意維持小分量的料理。擺盤呈現上亦非常簡單，利用食材與食器本身的色彩造型，並拌入蛋黃醋，統一食材的色調，透亮的鮭魚卵則可映襯料理的鮮豔與光澤。

材料 | 明蝦、紅蘿蔔、玉筍萵苣、香菇、台灣昆布、秋葵、蛋黃醋、鮭魚卵。

作法 | 將所有食材依序川燙後以蛋黃醋涼拌，放入鮭魚卵即可。

擺盤方法

將明蝦、紅蘿蔔、玉筍萵苣、香菇、台灣昆布、秋葵等川燙後食材，切成小丁。

將所有食材倒入碗中，與蛋黃醋一起涼拌。

將拌成的食材，依序放入透明小杯中，擺放時將食材交錯擺放，製造繽紛感。

最後加入鮭魚卵，小分量地顆顆高低散落碗中。

擺放涼拌後的食材時，盡可能將不同顏色錯落而放，同樣地，鮭魚卵也使其散落，勿集中於碗中同處，以免混淆料理的主角，擺盤即告完成。

粉白細緻雪花，
統合高低盤景

主廚　林顯威
晶華酒店 azie grand cafe

鮪魚、鮮蔬生菜、鱈場蟹肉、核桃雪

此擺盤選用微深的圓盤進行盛裝，讓視覺表現集中在中央，
另方面加入多樣的生菜堆疊，用向上延伸的視覺效果，表
現份量感與高度。而除了體現立體感之外，主廚並在擺盤
中巧妙佐料的材質的趣味，利用變化後的核桃油，製造細
微的撒粉效果。由於盤飾本身已具有高低差異，覆蓋上一
片雪花落下般的細微核桃雪，更讓此件擺盤呈現出小巧雪
景般的浪漫唯美。

材料 | 鮪魚、鮮蔬生菜、核桃雪、鱈場蟹肉、櫻桃蘿蔔、紅洋蔥、紫蘇醬、核桃雪（核桃油與樹薯粉製成）。

作法 | 將鮪魚去頭尾，劃上幾刀後微煎至表面微熟，法國麵包片烤至金黃，生菜以手剝成小段，櫻桃蘿蔔切薄片、紅洋蔥切碎備用即可進行擺盤。後把生菜洗淨後待擺盤使用。

擺盤方法

將鮪魚肉，切割為適當的長度後，放入盤中的右半側。

將比利時生菜、橡樹生菜、綠捲鬚生菜等不同生菜，剝成合適的片塊狀；生菜種類也可更換成其他即食生菜，而以手代替刀子剝成小塊，是為了讓口感更好且視覺更為自然。

在盤左半邊，以堆疊方式擺放各種鮮蔬生菜。

擺放時可以區別一下不同生菜的色彩與造型，比如比利時生菜屬於長條狀，就可以讓它稍微疏離，帶有一些線條的指向性；橡樹生菜帶有稍紅，即可集中在一起。

持續增加生菜表面的質感變化，加入烤好的麵包片、將鱈場蟹肉堆放於鮪魚上，並點綴櫻桃蘿蔔、紅洋蔥。

最後淋上紫蘇醬，並撒入核桃雪，讓核桃雪均勻灑落在高低處，擺盤即完成。

運用泡沫與造型薄片，
點綴複雜布局

Chef　Fabien Vergé
La Cocotte

烤乳豬佐時節蔬菜與黑棗薯泥

隨著季節食材轉換的此道擺盤，運用翠綠的芥藍菜花圍塑
盤景底色，再放上深茶色的乳豬與馬鈴薯，並選擇純白圓
盤襯托多色食材的搭配，表現春天特有的綠意盎然。由於
擺盤結合了環狀與十字的構圖，為了在混合多種食材的擺
盤中製造視覺的焦點，因此利用了大片的馬鈴薯薄片與大
蒜泡沫帶出質感與造型的對比。

材料｜烤乳豬、芥藍菜花、玉米筍、黑棗泥、松露玉米泥、馬鈴薯、大蒜。

作法｜讓乳豬肉以真空低溫水煮約 6～7 小時後取出，將豬皮煎到酥脆，待擺盤使用。

擺盤方法

1
兩支帶皮的玉米筍放入圓盤，採 V 字型的擺放。

2
接著加入芥藍菜花以及油封大蒜，讓莖葉的擺放呈現自然隨性感，玉米筍與芥藍菜呈現圓環的布局。

3
在圓環內放入些許黑棗泥以及卵型的松露玉米泥，並加入兩塊酥炸馬鈴薯圓塊，加入食材造型的變化。

4
繼續在圓環中放入兩塊帶皮的乳豬肉，讓馬鈴薯圓塊與乳豬肉之間，形成類十字構圖，並以湯匙淋上用骨頭和蔬菜熬成的醬汁，運用醬汁在盤面留白處製造點漬的畫盤。

5
在乳豬肉上灑入少量海鹽後，取 3 枚炸馬鈴薯薄片，覆蓋於整體盤景，使其斜放站立展現盤景高度。

6
最後在蔬菜上，點入大蒜泡沫，讓泡沫圍繞擺盤中心，即完成擺盤。

柔美與粗獷的材質結合

Head Chef Richie Lin
MUME

生牛肉

生牛肉質地柔細綿密，搭配酥脆的烤馬鈴薯碎。為口感平
添層次差異外，一焦黃一深紅的色澤亦有著鮮明對比。搭
配粉紫酢漿草花，輕黃芥蘭花。像紙傘般的金蓮花葉，憑
倚其中姿態自有風情。雖然生牛肉料理就食材而言是道較
為粗獷的菜色，但藉由柔美點綴、溫暖和煦構圖，讓盤景
間盈滿春天甜蜜的氛圍。

材料｜生牛肉、烤馬鈴薯碎、海瓜子美乃滋、蛋黃醬汁、山蘿蔔葉、酢漿草花、金蓮花葉、芥蘭花。

作法｜生牛肉以醃製洋蔥與蘿蔔乾調味製成。

擺盤方法

在黑色的盤面中放上圓型模具，並在模具內加入生牛肉以湯匙背部壓平。

在生牛肉上，撒上一層薄薄的炸馬鈴薯片屑，對比嫩與脆的口感。

接著於馬鈴薯上方，加入乳白色的海瓜子美乃滋，及鮮黃的蛋黃醬汁的點狀裝飾。

接著再依序放入山蘿蔔葉、酢漿草花、金蓮花葉、芥蘭花，花朵可放置可依靠在醬汁的旁邊，使其均衡散布。

將圓形模具取出後，擺盤即完成。

綜合食感，融合軟脆
酥嫩的擺盤質地

主廚　徐正育
西華飯店 TOSCANA 義大利餐廳

頂級美國生牛肉薄片襯帕馬森起士冰淇淋及芥末子醬

此料理為義式傳統菜餚，為賦予其新生命，針對兩個部分
進行變化改造，一是將生牛肉薄片調整為略帶口感的 0.2～
0.3 公分，並於用自然垂放做出食材層次感；另一則是將普
遍搭配的起司，重新以冰淇淋的質地呈現，兩者交融搭配，
具有顛覆卻不失初衷的創新表現，口腔因溫度降低而變得
更為敏銳，香氣更易擴散品嚐。

材料｜生牛肉、帕馬森起士冰淇淋、芥末籽醬、當季生菜、芝麻葉、海鹽、檸檬油醋、黑橄欖、帕馬森起士粉。

作法｜將生牛肉切成 0.2 ～ 0.3 公分備用，以帕馬森起士使用調理機做成鹹味冰淇淋，另將帕馬森起司放入維波爐約 20 ～ 30 秒製成起司薄片後，即可進行擺盤。後把生菜洗淨後待擺盤使用。

擺盤方法

1 將當季生菜擺放盤中做為墊底，可用較深綠的生菜，搭配淺綠芝麻葉，做出深淺相間的層次綠，為後續擺盤打好基礎。

2 將生牛肉片，在盤中的四角自然垂落捲放於生菜上，不需刻意捲曲，呈現其自然皺疊感即可，並灑上海鹽及檸檬油醋調味。

3 接著將黑橄欖灑落於食材上，再於盤中點綴數滴芥末籽醬。

4 最後在生牛肉上填上兩球起司冰淇淋，挖冰淇淋的方式，一般在西式料理上，會以水滴型湯匙，挖出偏長型的形體，不以圓形呈現，此為法式冰淇淋挖法。

5 最後於冰淇淋插上起司薄片，拉出高度，即完成擺盤。

散發銀白色光澤的緞帶糖絲

主廚　李湘華

台北威斯汀六福皇宮頤園北京料理

拔絲地瓜

拔絲地瓜是老少咸宜的美味中式甜點，外面是糖葫蘆般甜脆糖殼，裡頭卻是鬆軟地瓜。煮糖的火侯關係著拔絲的成敗。需使用兩百度以上油溫，讓糖快速的溶解，而油拉出來的絲，較粗適合做任何造型。若是用水拉糖絲比較細，易斷裂不易塑型。銀白色光澤緞帶塑型，不讓西式甜點專美於前，傳遞出中式料理獨特且精緻的創意呈現。

材料｜地瓜、細砂糖。

作法｜將地瓜切成適當大小，炸熟備用。鍋中放入 300 克沙拉以油溫約 200 度放入細砂糖炒勻後放入地瓜拌均勻即可。

擺盤方法

先將地瓜炸好後，將地瓜放置於炒糖漿裏的烤盤內，使其裹上糖漿。

將糖漿加熱至 200 度後，立即將沾有糖漿的地瓜浸冰水，冰鎮地瓜糖漿就會凝固成不黏牙的脆糖，將冰鎮過後將地瓜擺置於白色瓷盤內。

接著將白色瓷盤放於中心，烤盤與冰鎮盆分別置於左右兩側，各據一端，將兩根湯勺立於冰鎮盤內作為支點。

然後運用兩根叉子，沾取烤盤內的糖漿後拉開拔絲，兩端距離約手肘展開的長度。

反覆地重複糖漿拔絲的動作，並將糖絲繞過湯匙支點，累積到一定的糖絲厚度後，即可將將烤盤端的糖絲先捲繞成圓形。

最後將冰鎮盆端的糖絲先向瓷盤折轉，待拉回白色瓷盤後再往下凹折，形塑角度，擺盤即完成。

食材做隔板，
乾溼分離兼容美味口感

品牌長　羅嶸
漢來大飯店國際宴會廳

蒜香蟹柑伴西施

此料理為一蟹兩吃，品嚐炒蟹的酥香乾爽，更品嚐蟹肉蛋
白的軟嫩滑口，因而選用越南米餅做為隔板，區隔不同質
感的食材，並讓乾溼能完美分離，不混雜口感特性。且米
餅兼具托高功用，讓擺盤更為立體突出；底部鋪放海苔，
能襯托出蛋白的純白色彩，隨著水分慢慢滲入，也會散發
淡淡海苔香氣。

材料 | 避風塘炒蟹（蒜酥、辣椒、豆豉）、蟹肉、蛋白、海苔、越南米餅、香葉芹。

作法 | 將蒜酥、辣椒、豆豉與蟹鉗爆炒為避風塘炒蟹；將蟹肉與蛋白混炒，即可進行擺盤。

擺盤方法

先在盤中放入海苔，並於海苔上填入蟹肉炒蛋白。

讓蟹肉炒蛋白堆疊出一定的高度，其他食材陸續可以其做為擺盤的中心。

接著在蛋白下方插上越南的網型米餅。

選用越南網型米餅插入蛋白中，除可增添造型，更重要的是能隔離兩種口感之蟹，讓乾溼食材不混淆，口感乾爽中帶有溼潤，不會整陀爛糊糊。

最後在米網上放入避風塘炒蟹，並在炒蟹的表面加入辣椒及豆豉夾，最後於上方點綴香葉芹，擺盤即告完成。

運用密封罐，
變化料理趣味

Chef　Fabien Vergé
La Cocotte

焗烤水波蛋佐洋蔥

最近於網路上興起一股利用密封罐作為食器擺盤的風潮，一方面攜帶方便，一方面透過玻璃罐身表現食材堆砌的剖面，彷彿成為新時代飲食的另一種樂趣與美感。透明的密封罐，可直接看見食物的原貌，讓料理的呈現帶有純粹、自然的感覺。水波蛋烤熟後，便不容易與底層的法式燉菜混和，因此密封罐側面依然可見食材分層堆砌所呈現的色彩紋理。擺盤時也可運用創業，改放入其他多色食材，透明密封罐可呈現出多層堆疊與視覺上的趣味感。

材料 ｜ 油封洋蔥、法式燉菜、雞蛋、紅椒粉、青醬、黑胡椒、大蒜慕絲、棍子麵包、紅酸膜。

作法 ｜ 將密封罐裝填油封洋蔥、法式燉菜與生雞蛋後，放入 220 度烤箱烘烤 6~7 分鐘，即可取出繼續擺盤。

擺盤方法

1

將法式燉菜和油封洋蔥擺放入密封罐內，分量控制在密封罐 1/4 高，做為料理的基底。

2

打入一顆生雞蛋，送進烤箱烘烤至蛋熟。

3

待蛋熟之後，將密封罐下與一個長形岩盤搭配，並加入青醬與紅椒粉。

4

接著在密封罐中加入大蒜慕絲，運用慕斯的空氣感製造蜜封罐中的盤飾高度。

5

將棍子麵包切片，並點綴紅酸膜後，將之直立插入焗烤水波蛋，延伸此道擺盤的立體高度，即完成擺盤。

淡雅幽微，
烘托食材美麗原貌

Head Chef Long Xiong
MUME

花椰菜

淡淡的米綠色盤面，簡約內斂透露出典雅氣息，堅果烤過後米與咖啡色澤交融更顯焦醇可口。本道料理以羅馬花椰菜為主題，讓花椰菜本身的造型與色彩做為盤飾的主體，醬汁與配菜幽微地映襯於羅馬花椰菜周邊，烘托出食材本身立體而美麗的形貌特色。

材料｜羅馬花椰菜、羽衣甘藍、花椰菜梗心、風乾花椰菜梗心、堅果、紫花椰菜杏仁優格醬、金棗醬、紅蘿蔔醬、芥末。

作法｜將羅馬花椰菜烤至表面微焦，使口感更富層次。將花椰菜梗心乾燥一星期後，製成有醬油香味的風乾花椰菜梗心。杏仁優格醬由杏仁與乳酪調配而成，而胡蘿蔔醬則是紅蘿蔔汁與鮮奶油調配而成。

擺盤方法

以直接擠用瓶身的方式，將杏仁優格醬於盤面反覆勾勒出圓弧形狀，從外圍到內部，不斷重複不規則橢圓的畫盤，確定擺盤的基本輪廓。

在杏仁優格醬的線條上，間隔地放上堅果碎。

接著陸續擺放風乾花椰菜梗心，以及紫花椰菜，將食材形成一個環狀。

將 3 片清透白綠相間的花椰菜梗心，置於圓內的 3 個方向；並以擠點的方式間隔地擠上金棗醬。

接著在盤中心擠入大量的紅蘿蔔醬汁，讓圓心填入黃橙的亮色。

最後將羅馬花椰菜及羽衣甘藍，大小不一地交錯環放，形成美麗疊映，最後在紅蘿蔔醬汁，磨上新鮮芥茉，即完成擺盤。

分區擺放，
大量滿盛的綜合食材擺盤

料理長　羽村敏哉
羽村創意懷石料理

Takiawase（炊き合わせ）

為顯現 Takiawase 料理中，食材們各自的美味特性，擺盤時將其各自分區擺放，讓滋味能單獨表現，不混合其他食材的味道；使用堆疊手法呈現，讓食材的原貌更立體，吸睛效果明確，同時以顏色做為區隔，交織出極具時令感的新鮮風味。

材料｜ 紅蘿蔔、筍、蠶豆、南瓜、香菇、波士頓龍蝦、蘆筍、柚子皮。

作法｜ 將所有食材單獨調味燙熟後，淋上高湯點綴柚子皮即完成。

擺盤方法

1

選用一塊大面積有紋樣食器，將南瓜煮好切塊後，以堆疊方式放入圓盤中偏左上方

2

於南瓜右側堆疊上整根的條狀紅蘿蔔，使其由盤左橫跨至盤右。

3

依序從左到右，以逆時鐘的方向，放入燙熟香菇、筍子、蘆筍，逐漸塞滿盤面。

4

最後於筍子上方疊上蠶豆，讓蘆筍與蠶豆的綠色相依。

5

並將燙好切塊的龍蝦散落堆疊於其他食材上，放入高湯，於表面放上柚子皮絲。

6

因為不同食材的造型各不相同，此道又是 4～5 人的大分量料理，因此再填滿料理時，建議可以讓食材分區，不要把不同食材混合在一起；同樣維持前低後高的規則，前方的食材小，後方再加入稍高有立體的表現，即完成擺盤。

絲瓜襯底，
輔助主食直立

行政主廚　陳溫仁
三二行館

紅甜蝦佐黑蒜泥

紅甜蝦肉質細嫩具彈性，加上甜度高，簡單烹調就能吃出
好味道；而被稱作角瓜的澎湖絲瓜，久煮不易變色，味道
格外清甜。兩種食材加在一起，無論在口感或味覺上都很
對味。而經過熟成的黑蒜，營養價值高，受許多重視養生
人士喜愛。將紅甜蝦立放在平鋪的角瓜上，遠看就像紅色
精靈於草叢上漫舞，美麗視覺讓人食慾大增。

材料┃ 紅甜蝦、角瓜（澎湖絲瓜）、黑蒜泥、金蓮葉、茴香、Cress 嫩芽生菜、食用花如三色菫、
萬壽菊、繁星花等。

作法┃ 角瓜切絲清炒後備用；紅甜蝦去殼去泥腸後，以鹽與胡椒煎至五分熟；黑蒜頭則直接以
生蒜搗成蒜泥後置於奇異瓶中便於擠用。

擺盤方法

1 取一方盤，將炒好的角瓜絲以對角線排放，
厚度約一公分，作為甜蝦立放的基座。

2 把 4 尾紅甜蝦依序立放在角瓜絲上，並維持
靠近的間距。

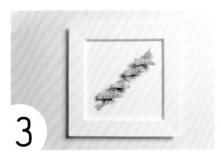

3 先鋪設角瓜絲的原因在於穩固蝦體，另一小
訣竅則是將蝦背微微切平，讓其更容易平放。

4 蝦與蝦之間的空缺，依序填入時蘿等生菜，
也可藉此讓蝦身更為直立，葉子稍微覆蓋蝦
體亦無妨，視覺上反而較有立體感。

5 以醬汁瓶將黑蒜泥在主食材的兩側，以擠霜
淇淋的手法，螺旋狀擠出 8 個立體小丘，然
後以捏子夾茴香插上。

6 最後在餐盤一隅放上金蓮葉，圓形可增加盤
飾變化，卻與擺盤布局的點與線互為平衡。

配菜立置，
譜寫高低錯落意境

主廚 李湘華
台北威斯汀六福皇宮頤園北京料理

清宮祕醬龍蝦球

龍蝦殼以紙鎮的氣勢，落於盤中破題，也點出料理題旨。
接著以菱形竹葉鋪底，主要是因為菱形與餐盤同為四邊形，
視覺上較為協調。而與同樣傾斜擺放的龍蝦平行，形成多
方呼應的盤面光景。而草莓、金桔、稻穗、乾海帶、菊花瓣、
炸薑絲與辣椒絲等配飾，以紅、黃、米、綠等顏色，亦為
擺盤增添豐富意境。

材料｜龍蝦半隻去殼拆肉、乾麵線、海苔、麵糊、金桔、小番茄、菊花、特製秘醬、醬油、黃酒、糖少許。

作法｜將海苔剪成長條狀，麵線兩端沾少許麵糊用海苔圈緊，油炸塑型後取出備用。再將龍蝦殼蒸熟取出擺盤備用；龍蝦肉沾麵粉放入油溫約 150 度中炸熟與調味料拌炒均勻即可製成。

擺盤方法

先擺上龍蝦頭與尾部的殼，龍蝦頭放置於盤面右上角，傾斜 45 度擺放。龍蝦頭左側再擺上龍蝦尾端的殼甲裝飾。盤中取狹長菱形竹葉作為襯底顏色，亦取傾斜角度稍偏右帶出視覺變化。

將炸麵線置於菱形竹葉左側，麵線放入油溫約 120 度中塑型，此道擺盤主廚是拉成菱形，隨著油溫再往上升，形體就會固定住。

於盤左下角再放置草莓裝飾，草莓底部削平使草莓可站立，再於頂端切割縫隙後，將日本稻穗與芝麻葉插入拉拔高度。

盤面右下角擺上兩片金桔切片，竹葉右側以乾海帶撒上菊花瓣作為妝點。

最後將龍蝦球置於麵線弧形角度，上方再撒上炸薑絲與辣椒絲完成擺盤。

菜葉切片堆疊，
製造空隙與盤景高度

Chef　Fabien Vergé
La Cocotte

布列塔尼多利魚佐青豆泥

此道料理不在於強調主食多利魚的樣貌，而是搭配具有深
度下凹式圓盤，平整而俐落地向上堆砌多樣食材，運用大
量不同質感的配菜，以混合擺盤的方式掩蓋主食多利魚。
由於配菜色彩十分鮮綠，純白食器便可襯托出料理色系的
鮮度；盤飾中雖無明確的主食或視覺焦點，但與大片留白
的盤面搭配，卻也有助於凝聚整體料理的主體性，且讓盤
景感覺更為豐盛。

材料｜ 多利魚、青豆、雪豆苗、白花椰菜、櫛瓜花、寶寶萵苣、巴西里。

作法｜ 將巴西里葉燙過後瀝乾,加水打成汁並噴灑於糯米紙待其乾燥,形成巴西里脆片,即可
待擺盤使用。

擺盤方法

在盤中杓入一匙青豆泥,並將之鋪平為圓型。

在醬汁上,放入一條切作長條型的多利魚,
並在多利魚的周邊加入切片的白花椰菜。

將白花椰菜片,統一擺放在魚的右邊並且折
出立體角度,並放入切面的櫛瓜花,覆蓋多
利魚。

取兩塊切作三角形的巴西里片,各一擺放於
多利魚的頭尾處,運用幾何造型的食材,豐
富盤景變化。

最後在多利魚兩旁,以湯匙澆入大蒜慕絲,
並以斜角度擺放寶寶萵苣、雪豆苗,即完成
擺盤。

綠蘆筍基底，
交叉擺放穩固堆疊

行政主廚　陳溫仁
三二行館

紅鯔魚佐蟹肉及魚子醬

華麗的海鮮食材，堆疊出豪氣卻不失優雅姿態，完整的沙
公蟹鉗肉，搭配魚子醬與紅鯔魚，以層層堆高的方式，讓
味覺與視覺都更顯立體化。但如何穩固不同造型的食材堆
疊，則需要先思考基底食材的運用，以綠蘆筍當作第一層
基底，再逐層疊加第二層與第三層的食材，不僅口感變化
夠多，視覺上也較有氣勢。

材料｜沙公、紅鯔魚、綠蘆筍、黃蘑菇。

作法｜紅鯔魚以鹽、胡椒微煎後放入烤箱烤熟。沙公取完整蟹鉗肉蒸熟，其他部位蟹肉炒熟後磨泥裝瓶；綠蘆筍川燙後灑上鹽、胡椒碳烤之；黃蘑菇則同樣以鹽、胡椒快速爆炒。

擺盤方法

1

切 4 段綠蘆筍尖，兩兩一組，至於圓盤中央水平線上。

2

將兩片紅鯔魚堆疊在綠蘆筍上，魚肉擺放的方向與蘆筍垂直交叉，如此堆疊較為穩固。

3

使用小湯匙將魚子醬擺放在蟹鉗肉上，接著以長形煎鏟或漢堡鏟將蟹鉗肉連同魚子醬堆疊在紅鯔魚上方，擺放方向可與紅鯔魚交叉。

4

接著加入黃蘑菇，與蟹肉醬的畫盤，蟹肉醬與黃蘑菇相互交錯。擺盤呈現三角形的構圖。

5

最後夾取少許龍鬚菜，置於主食材及黃蘑菇上，帶入明亮的鮮綠，可收畫龍點睛之效。

(Tips)

不同種類的食材堆高時，建議上層與下層的食材可以交叉堆疊，基底的食材要穩且厚，以免重心傾斜而倒塌。

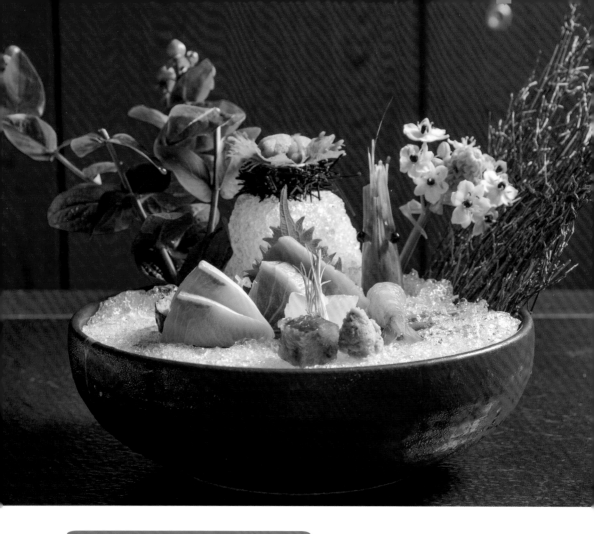

善用食材特性，
營造層次之美學

料理長　五味澤和實
漢來大飯店弁慶日本料理

造身

對於日本料理來說，擺盤裝飾不只刺激食慾，更是美學表
現欣賞的一個重要環節，選用當季花草枝幹做為遠方背景，
再利用碎冰質地上的可塑性，做出高低不一的層次基底，
讓生魚片兼具新鮮及最佳食用溫度，更營造出如鏡頭般的
美麗深淺景效果。

材料 鮪中肚、鰤魚、比目魚、牡丹蝦、海膽、蘆筍、蔬菜捲、山葵、白蘿蔔、海藻凍、當季
花草枝幹。

作法 將蘆筍透熟，白蘿蔔切絲後，各類海鮮經刀工處理後，即可進行擺盤。

擺盤方法

1

本擺盤雖然是生魚片，但選用一大圓湯碗作
為食器。

2

在盤中平鋪上碎冰，正上方之處多鋪一座小碎
冰山，帶出前低後高的基本輪廓，並在碎冰中
放入重疊並排的蘆筍，做為後續擺盤的基底。

3

於上方左右兩側，插入花草裝飾，將以葉子
盛裝之海膽放置在高起的小碎冰山上，並於
蘆筍上方放入白蘿蔔絲。

4

此種大型的擺盤設計，由於會收納各種食材，
因此在組合擺盤時，不同的生魚片亦可利用
葉片的襯墊與堆疊，加入整體細節的趣味。

5

將經刀工處理後的鮪中肚、鰤魚、蔬菜捲，
各自以前後交錯堆疊的方式放在蘆筍上。生
魚片擺盤時，也可加入色彩與高度的思考，
將顏色淺的肉品放在前面，由前到後，加入
色彩輕與重的漸層；前方的食材也應擺放得
較低矮，後方的食材再加入立體高度。

6

擺放上塑型為卷狀插入芽蔥的比目魚片，以
及整尾牡丹蝦，讓蝦身與蘆筍垂直擺放，蝦
頭立體插入碎冰中，最後在盤飾下方加入海
藻凍及現磨山葵，即告完成。

立體三角的擺盤布局

主廚　林凱
漢來大飯店東方樓

炭烤法式羊小排

將西式料理的大氣與中式料理的豐富感，揉雜成這道中西合併的特色料理，清爽的配色與獨特的造型十分吸睛，在翠綠的配菜點綴下，更加映襯出主食的鮮嫩感。在白菜上堆疊圓柱狀的米糕，則是擺盤的中心，週遭依躺著直立的碳烤法式羊小排，直立的羊骨，也營造出立體三角型的構圖趣味。

材料┃法式羊羔排、娃娃菜、秘製米糕、鹽巴、蔥薑油、黑胡椒。

作法┃將羊羔排放入醬汁醃製，先以大火烘烤上色後，再放入烤箱烘烤，使肉質熟透，烤完調味即完成。

擺盤方法

1

在有高低凹陷的白盤中，集中堆疊一層白菜，使其白菜具有一定高度。

2

接著使用一個小圓模具，塞入米糕將之塑型為米糕柱。

3

將塑型完成的米糕擺放在白菜上方，拉拔立體高度。

4

接著以米糕柱為中心，將碳烤法式羊小排以骨頭方向朝上的方式擺放於米糕周圍，做出立體三角狀的造型。

5

重點在於讓三支羊小排依靠在中央的米糕，但由於羊小排的底部為不規則狀，擺盤時可能會造成晃動，因此可先將肉排的底部切平，底部平整有助直立。

6

最後將香葉芹放置於主食上作為裝飾，並在盤面周圍以油蔥畫盤點綴，立體三角構圖的擺盤即完成。

變化大小方體，
巧手栽種田園愜意

主廚　楊佑聖
南木町

日式盆栽胡麻豆腐

為讓擺盤上多些創意及變化，主廚特意選用一個極細且帶
有深度的長盤，並將胡麻豆腐切成大中小三種尺寸的形
體，適放在長盤的凹陷盤間，以線性排列的方式，搭配大
小對比的葉片經營畫面平衡感。其中，小豆腐刻意不插放，
是為營造出適度的留言，讓畫面豐富卻不顯繁雜，撒上
OREO 餅乾碎屑，如同剛從土壤裡冒出的新鮮枝芽，帶有
故事性與想像空間的擺盤設計，透露出自然生氣，也呼應
了料理的溫潤氣質。

材料｜胡麻豆腐、酸膜葉、當季生菜、OREO 餅乾碎屑、藍柑橘酒果凍、綜合堅果、紅醋栗。

作法｜將胡麻豆腐切成大、中、小體型的正方形，即可進行擺盤。

擺盤方法

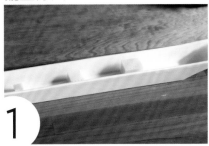

於細長盤中，由左而右，依序放入切成大、中、小型的胡麻豆腐丁。

在大、中塊豆腐的頂面，以刀具插入，劃出細細的洞隙。

洞隙中便可插入酸膜葉及當季生菜，生菜的選用也可以交換，但讓大塊的豆腐插入較低矮的菜葉，小塊的豆腐則插上較高瘦的菜葉。

最小塊的豆腐，讓它留白，接著在盤中豆腐的間隔處，撒上 OREO 餅乾碎屑，模擬土壤的效果。

最後於豆腐及盤上點綴藍柑橘酒果凍和綜合堅果，加入些寒色的視覺焦點，並擺放紅醋栗及紅醋栗的根，豐富色彩變化，即完成擺盤。

細小時蔬布局，
平衡大塊主體肉品

主廚　林顯威
晶華酒店 azie grand cafe

豬里肌、薯泥、蘆筍、青蒜、羅馬花椰菜、玉米筍、碗豆莢、香料生菜、橄欖油、紫蘇葉

主廚選用淺型黑盤，一方面運用深黑，更容易突顯肉質的粉嫩色澤與蔬菜的翠綠。其次，由於主體的帶骨豬里肌分量較大，因此使用帶有和諧氣質的圓盤，並削減大小相異的違和感，另方面也透過細小時蔬生菜的堆砌與布局，平衡大小差異，透過食材擺放位置的聚與散，讓單一的豬里肌，呈現圓的意象，與散落擺放的長型時蔬相互結合，是成功替主角加分，也為配角添色的擺盤表現。

材料｜豬里肌、薯泥、蘆筍、青蒜、羅馬花椰菜、玉米筍、碗豆莢、香料生菜、橄欖油、紫蘇葉。

作法｜將豬里肌綁繩烤至熟成金黃，帶骨切成一塊塊；時蔬烤熟後整形切段，即可進行擺盤。

擺盤方法

由於帶骨的豬里肌肉面積較大，可將之切塊。

將帶骨豬里肌放至盤中左方，讓骨頭朝向盤上方。

在盤右側依序放上蘆筍、青蒜、羅馬花椰菜、玉米筍，與對剖的碗豆莢。蘆筍的擺放可以順應骨頭，同樣朝向上方。

確認大方向後，逐漸加入長度較短的青蒜、玉米筍與碗豆莢，讓擺盤的構圖呈現有如文字般的長段筆畫造型。

豬里肌與時蔬中間空隙，盛放上一匙薯泥，並於豬里肌上放上一小球香料生菜；塑型前可先將各式香料生菜用手剝碎，再以手心塑型，稍微向內凹壓出小球狀，讓生菜不易散落，視覺效果更美，並變化立體高度。

最後在表面淋上橄欖油，並於時蔬表面點綴紫蘇葉，即完成擺盤。

Tips

擺放時蔬的順序，其實就是一種布局的思考，建議擺放時可依照時蔬大小，變化平面、立起或堆疊的方式，讓整體以點、線、面三點共構出漂亮擺盤。

確認主體構圖，
依序添加小塊多樣食材

西餐行政主廚　王輔立
君品酒店雲軒西餐廳

紫蘇巨峰夏隆鴨

大小長短不一食材的擺盤思考，有時也像似收納的技術，
擺盤時可由大至小，先確立大主體的所在位置，接著再依
據配色、布局的需要擺放其他小塊食材。食器的應用也有
助於統合不同色彩的食材，以此擺盤為例，帶復古感的深
色食器，有助跳色，並確立整體盤飾的主要基調。呼應粉
紅肉質與透明去皮葡萄，營造出自然、質樸的田園感。

材料｜ 紫蘇、巨峰葡萄、鴨胸、蔥、櫻桃蘿蔔葉、風乾番茄、椰糖片、椰糖、橄欖粉。

作法｜ 鴨胸煎 8 分鐘，巨峰葡萄去皮，蔥烤好後備用，即可進行擺盤。

擺盤方法

於盤右側 1/3 處，以側躺的方式，放上一塊烤好的鴨胸條，先確定主食的位置。

於盤正中間，放上一片櫻桃蘿蔔葉，並於其中疊放上烤好一條的蔥段。

確立擺盤的方向為直式，順應此構圖，在空隙中先放入去皮葡萄。

葡萄採交錯擺放，在直向構圖中，加入點的元素。

接著再在以去皮葡萄的對向擺放剖半有梗的風乾番茄，擺放時剖面朝上，讓紋理增添此料理的自然感，並在食材空隙處直立插放鴨皮與椰糖片。

最後在盤中撒入椰糖及橄欖粉，加白跳色，並完成最後的點綴。

擺盤結合盤型，
呈現圓的層次

Chef de Cuisine Olivier JEAN
L' ATELIER de Joël Robuchon

經典魚子醬襯生食鮭魚韃靼

當龍蝦高湯盛進圓盤時，隨著食器本身不同的深度產生顏
色漸層變化，加上魚子醬生食鮭魚韃靼的簡單塑型，以及
羅勒醬與蒔蘿的環狀飾盤，裡外呼應圓的層次。

材料 | 生食鮭魚韃靼、魚子醬、龍蝦高湯凍、羅勒醬、蒔蘿、金箔。

作法 | 將生鮭魚肉切成碎狀，拌入葱、胡椒、鹽，橄欖油以及其他特調醬料，搭配魚子醬與龍蝦高湯凍即告完成。

擺盤方法

加入吉利丁煮好的龍蝦高湯舀入白色圓盤，放入冰箱冷藏約一個小時成凍，取出完成第一個步驟。

以羅勒醬在高湯凍最外圍等距間隔擠出小點。

順應食器的圓形，故加入了圓狀的小點以及環繞的蒔蘿，而在擠羅勒醬的過程中須注意距離是否平均，否則容易破壞美感只能重來；建議在進行此種表現時，可以一手固定畫盤位置，另手轉動圓盤，以確保加入醬汁的位置。

畫盤完成後，可將蒔蘿撕作小片環狀點綴於內圈，並將圓筒模具塑形放置盤中心，以小湯匙挖入生食鮭魚韃靼堆疊出立體高度，以湯匙塑型，並使表面平整，以便魚子醬堆疊時展現整齊美感。

最後堆疊於生食鮭魚韃靼頂端的魚子醬利用小湯匙，以一顆為單位輕柔地平鋪覆蓋表面。

拿開模具，最後以牙籤勾住金箔裝飾於魚子醬中心，便完成此道擺盤。

交叉堆疊，
直列擺放的多層變化

主廚　許雪莉
台北喜來登大飯店 Sukhothai

泰式炸蝦捲

由於炸蝦捲為長條型，因此在進行擺盤設計時，便可從造型的特色切入，在此主廚便應用了具有長盤特質，但為葉片造型的食器。順應食器的造型，炸蝦捲的擺放位置因而取直線的縱列方向，但加入交錯與堆疊的方式，讓線性的視覺動線帶有變化。

材料｜蝦子、泰式醬油、大蒜、胡椒、春捲皮、泰式梅醬。

作法｜將蝦子與泰式醬油、大蒜、胡椒混合後，以春捲皮包覆油炸即可。品嚐時可沾取醬料食用。

擺盤方法

將食器取直線擺放，於盤上側放上生菜片，並將醬料碟置於其上。

在醬料碟的下方，擺放酥炸後的春捲皮，做為基底。

酥炸後的蝦子交叉堆疊於春捲皮之上。

確認擺盤取直線的走向後，在設計擺放位置時，如制式地將蝦捲整齊直列，雖順應食器走向，但視覺上則較單板，此時可加入交叉與堆疊的趣味。

逐漸擺放炸蝦捲，使其交叉倚靠，順應食器的方向，呈現出有朝氣的立體層次，擺盤即告完成。

順應食器加入料理層次，
一窺深井下的綠色湖泊

西餐行政主廚　王輔立
君品酒店雲軒西餐廳

綠蘆筍冷湯佐帝王蟹沙拉

選用有著深淺凹槽的大圓湯碗，分門別類盛裝湯品、麵包
及沙拉，讓品嚐的主權留給享用者，單吃或組合享受兼具
其風味特色；其潔白色彩更可展現綠蘆筍的鮮亮之美。

材料 | 綠蘆筍、洋蔥、蒜頭、菠菜、麵包、香料油、帝王蟹、橄欖油、紅酸膜葉。

作法 | 將綠蘆筍炒洋蔥、蒜頭、菠菜，並以高湯打成冷湯備用，帝王蟹用橄欖油調味製成沙拉，即可進行擺盤。

擺盤方法

在深碗中填滿綠蘆筍冷湯。

在碗中淺凹槽處，淋上一圈香料油，加入第二個圓圈的造型。

並放入甜甜圈造型的空心麵包，形成圓的三重奏。

在盤面最上層的凹槽處，以十字的方向擺放上4小份帝王蟹沙拉。

最後在沙拉上疊放上紅酸膜葉，加強紅綠對比，即完成擺盤。

Tips 深碗型的食器適合填裝湯品，因此在擺盤時就可以依據食器的特色，加入畫盤或擺放相對應食材，以豐富層次感。

干貝金桔凍，
層疊映襯晶透感

Chef Clément Pellerin
亞都麗緻大飯店巴黎廳 1930

北海道鮮貝冷盤

食材本身呈現些微粉嫩感的干貝削成薄片後，搭配晶瑩的
金桔凍，隨著透明圓碗的造型擺放成花朵意象。利用干貝
與金桔凍皆有些微透光的特質，呼應透明食器，運用碗具
有深度的特質，加入金桔凍後，便可提升料理高度，同時
做出不同層次的色彩與口感變化，令這道冷盤由裡到外綻
放清爽的視覺效果，同時富含食材濃郁滋味。

材料｜北海道干貝、魚子醬、松露片。

作法｜主食干貝以檸檬加鹽巴事先醃漬，待擺盤使用；乾干貝片則是將干貝削成極薄片，再以 40 度高溫烘乾水分，形成酥脆口感。

擺盤方法

將主食材干貝削成薄片，依循碗的弧度，將干貝片片交疊入碗中，形成環狀的花瓣造型。

在鋪滿干貝片的碗內，淋上液態金桔果凍，並放入冰箱待冷藏成形，提升料理的高度與不同質感。

金桔果凍凝固後，在金桔凍的表面，點狀的放置烏魚子，讓烏魚子分布成一個不規則的五角形，平衡整體的色彩。

接著插入紅莧菜苗、香菜苗以及食用菊花瓣，模仿花朵雄雌蕊的意象，透過顯眼的色彩帶出視覺焦點。

接著在表面輕灑一圈海鹽，插入捲狀的乾干貝片，並加入些許金桔檸檬皮提味點綴。

最後加入少許松露刨片，強調盤飾中的局部重色，即完成擺盤。

巧奪天工的
精緻季節美學

料理長　五味澤和實
漢來大飯店弁慶日本料理

八寸

日本料理中，為將當季食材能精緻呈現，因此選用 24 ～ 26
公分的正方形木台，盛裝廚師用心刻劃的新鮮小食，以呈現
出自然繽紛的滿盛感。再經營此種多元繽紛的料理擺盤食，
可先取食器中央為焦點，由內至外，加入食材造型與材質的
變化，像是襯墊放射狀的葉片，引導視覺，再搭配挖空的竹
筍殼做為內部食器，佐以浪漫櫻花根，營造自然氣質，成功
地在有限空間中，變化出饒富趣味的擺盤節奏。

材料｜竹筍（以木之芽味噌調味）、手綱壽司、蓮根鮭魚、胡麻豆腐、梅素麵凍、鮟鱇魚肝、鮪魚角煮。

作法｜將蓮藕切薄片包裹鮭魚，其餘食材個別處理整形後，即可進行擺盤。

擺盤方法

1 於食器內鋪擺上葉子為基底，放入挖空對切的竹筍殼，右上方插入櫻花根。

2 將竹筍肉填入竹筍殼中，再依序放入手綱壽司、蓮根鮭魚、胡麻豆腐、梅素麵凍、鮪魚角煮於葉面上。

3 最後於竹筍殼上方放入裝填入鮟鱇魚肝的小碗，並將碗蓋放在其左側，即完成擺盤。

直線布局延伸料理視覺

Head Chef Long Xiong
MUME

牛小排

主要配菜為洋蔥和金蓮花，洋蔥以不同的種類與型態作為
呈現，像是焦洋蔥醬汁、焦洋蔥、醃製洋蔥、珍珠洋蔥。
而金蓮花素材也以花朵、瓣與葉三態表現。在盤面格局上，
作為主菜的牛小排居於左側，而佐料配菜則位於右側。佐
料與配菜形成的線性與牛小排的方形幾合，構成主配菜視
覺動線格外清晰的差異變化。

材料｜牛小排、金蓮花、金蓮花葉、金蓮花瓣、蘑菇切片、焦洋蔥、醃製洋蔥、烤紅蘿蔔、珍珠洋蔥、焦洋蔥醬。

作法｜牛小排經過 24 小時真空低溫烹調法，再風乾後炭烤而成。

擺盤方法

以湯勺取用焦洋蔥醬汁，在圓心偏右側處，擘劃出一條直線。

順應畫盤的線條，接著放上細長的烤紅蘿蔔、焦洋蔥，以及醃製洋蔥；焦洋蔥烤焦的部位可在盤中帶入重色，口感上也具有更深風味。

烤紅蘿蔔的擺放方式，以呈現細長的線條感為主，擺放在洋蔥醬汁旁右側，再將焦洋蔥放在烤紅蘿蔔的上、下端處；將醃製洋蔥，模擬粉紅花瓣紛飛意象；以烤紅蘿蔔所形成的直線條為基準，取四片置於頂部、尾端，左右側各一。

接著放上蘑菇、金蓮花葉和金蓮花瓣各三片，以平鋪的形式呈現，加入點與面的造型，沿著線條由上往下輕盈鋪放。

最後以傾斜並列擺放的方式，將牛小排置於配菜和花卉形成的線條左側，使其切面朝上，顯出肉色，即完成擺盤。

均衡布局，
流暢銜接的視覺動線

主廚 徐正育
西華飯店 TOSCANA 義大利餐廳

舒肥澳洲小牛菲力佐鮪魚醬

選用大的圓淺盤盛裝此料理，讓牛肉表現其粉紅色澤且與
配菜的顏色做出對比，每一片深色牛肉都是視覺動線的節
點，相互連結，並交錯著時蔬與醬汁的層次。布局平衡，
無特別突出的大型食材，但也因此使得視覺可以均衡地遊
走在盤飾中的各處細節。

材料｜ 牛菲力、鮪魚醬、大小酸豆、墨魚米餅、當季生菜、液化橄欖油、橄欖油。

作法｜ 將牛菲力以低溫水煮後，表面烤 45 分鐘至微焦後切成約 0.2~0.3 公分的薄片，即可以其他配料進行擺盤。

擺盤方法

使用鮪魚醬於以畫圓的手法進行畫盤，順應圓盤的造型。

畫盤的線條維持基本圓形即可，可加入粗細相間與稍微交錯的變化，增添視覺效果。

將切片並淋上橄欖油的牛菲力置於盤中，擺放時使其摺疊捲曲，加入立體感。

牛肉片是料理的重點，因此其布局也牽動著視覺動線；擺放的位置主要依循醬汁的動線，讓牛肉片和醬汁皆採圓形的布局，不需太整齊。

盤中也放入一片牛肉片，讓視覺更穩定，並在空缺處放入些許酸豆與當季生菜，豐富留白處的細節。

最後在盤中空白處灑上液化橄欖油粉末，以及壓碎的墨魚米餅，淋上橄欖油即完成擺盤。

直列擺盤側觀高低錯落

行政主廚　陳溫仁
三二行館

龍蝦沙拉

像龍蝦這樣的高檔食材，往往使用最簡單的烹調方式來鎖
住原味，因此在擺盤時，簡單的構圖其實也能呼應料理與
食材的純粹感。直線式的食材排列算是擺盤的入門技法，
以線性組合排列食材，可先考量食材的高低起伏，如食材
本身的色彩、造型或是大小較為類似，也可考量食器色彩，
用以呼應或突顯線條本身的存在感！

材料 | 龍蝦、黃蘑菇、黑松露、嫩芽類生菜、金蓮葉。

作法 | 龍蝦破殼後取肉,以鍋煎至 3 分熟;龍蝦頭加水及少許松露熬煮成龍蝦沙拉醬,冷卻後填入奇異瓶。黃蘑菇加入鹽、胡椒及少許大蒜以鍋煎熟。

擺盤方法

取大圓盤,以醬汁瓶將龍蝦沙拉醬在盤中央畫一道直線,此為稍後擺放食材之基座,也是整體盤飾的主要動線。

將龍蝦切為不同長度的三段,將最長的螯肉放在圓心處,其餘兩段龍蝦肉則分別放在圓心至龍蝦醬端點的中間,並以鑷子依序將黃蘑菇沿著龍蝦醬穿插置放。

雖然是直線排列的擺盤,但其中食材還是可以再做出高低層次,比如線條的中央是為最高點,以山狀造型左右下伸,此種設計視覺上較平衡。但也可左高右低,或高低交錯,端看食材的擺放與應用。

在龍蝦與黃蘑菇間加入 Cress 嫩芽類生菜,如蘿勒、紫蘇 Cress、紅甜菜點綴。另外在盤面左上加入一金蓮葉,營造點與線的效果。

以刨刀將黑松露刨成圓片狀,再以鑷子夾取調整松露片的位置,使其等距置放在動線食材上,呼應金蓮葉的圓,與食器的黑,擺盤即告完成!

利用高低與深淺，
帶出視覺層次平衡

料理長　羽村敏哉
羽村創意懷石料理

剝皮鰭魚

剝皮鰭魚的顏色偏淺，因此使用其魚皮包裹韭黃並擺放其前，做出前深後淺的對比色差；韭黃捲寬度約 2 公分，比剝皮鰭魚尺寸小上一號，也能利用尺寸差異，強化層次與豐富感，讓前端的食材較低，色彩稍淺，後方再放重點食材，也讓其具有高度，協調出前後層次的整體平衡。

材料｜ 剝皮鱔魚、韭黃、日本柚子皮、防風、香油、蔥、檸檬。

作法｜ 將剝皮鱔魚切片後，佐以烤過的鱔魚皮韭黃捲，點綴兩滴梅肉醬，搭配防風；醬料為使用蔥、香油、鹽及檸檬調配的沾料。

擺盤方法

取鱔魚皮時，使用刀子緊貼魚皮，切割下魚皮。

切割下魚皮後，以捲壽司的方式包捲韭黃，盡可能收緊以避免內容物掉出。

將包捲後鱔魚韭黃燒烤後，兩端切掉不齊之處，再切成約兩公分大小的寬度，以平衡整體大小。

於葉片造型盤中放入剝皮後切片的鱔魚，擺盤排列時讓魚肉微向內捲曲，墊高生魚片，以增加立體感。

將捲韭黃切段，切面朝上，增加盤中色彩變化，放在生魚片下方。

將梅肉醬在捲韭黃上各點一滴，剝皮鱔魚及捲韭黃的中間上方擺上防風，再磨上柚子皮；最後取另一小碟，放入蔥油醬料後，即完成擺盤。

切片展現內裡的
平鋪擺盤

主廚　連武德
滿穗台菜

薑蔥大卷

薑蔥大卷是常見家常菜，將青蔥往大卷透抽內塞放，粉色
管身透出嫩青色彩。豪氣大方的擺盤方式，不僅適合宴席
請客，居家料理亦相當美觀得宜。食器側邊具有立體流動
曲線，模擬海浪意象，與海鮮食材相得益彰。而具有深度
的盤面，用以盛裝魚露醬汁，使得料理的潤澤感更加豐沛。

材料｜雞蛋豆腐、大卷、蔥、薑絲、魚露、香油。

作法｜將大卷清洗乾淨後內部塞滿整株蔥，入鍋蒸煮 8 分鐘後切片即可。

擺盤方法

約莫取用 6 至 7 支青蔥，塞放於大卷透抽的中管內。

將雞蛋豆腐切成 6 等分，平鋪於盤面作為米黃飾面。

雞蛋豆腐上層以鋪排蔥仔尾，將盤景加入大量蔥綠色基底。

接著把切片後的大卷置於其上，維持中卷的直線造型，讓頭尾部位擺放於左右側端點。

最後淋上香氣濃郁的棕色魚露，使浸澤感更加豐沛，並於大卷尾部加上薑絲方便搭配食用，擺盤即告完成。

Tips　雞蛋豆腐上方以蔥仔尾鋪排，除了與大卷、豆腐一塊食用增添風味外，由於豆腐與海鮮均屬於較滑嫩的質地，運用蔥仔尾於內層作為中介，可使得擺盤更為穩定，不易滑動。

平鋪堆疊，創作出澎湃與
雅緻的和諧圓舞曲

主廚　林顯威
晶華酒店 azie grand cafe

牛菲力、醃漬鴻喜菇、義式風乾火腿、芝麻葉、可生食有機迷你菠菜、起司、波特酒醬

利用火腿片做為平鋪基底，在白盤上做出雅致擺盤，拉出主菜的橫向面積，接著堆疊上牛菲力及綜合生菜葉，讓高度與寬度同步加量，層層疊出澎湃感受；使用刨型的起司片除增添口感外，更可加強與生菜間的空間體積，讓視覺效果更為豐富及飽滿。

材料｜牛菲力、醃漬鴻喜菇、義式風乾火腿、芝麻葉、可生食有機迷你菠菜、起司、波特酒。

作法｜將牛菲力微烤至適當熟度，起司削成薄片，以糖醋醃漬鴻喜菇後，即可進行擺盤。

擺盤方法

盤中平鋪放上火腿。

接著在火腿片上淋入波特酒醬，可讓醬汁集中於中間，避免讓醬汁溢出，破壞擺盤的整齊性。

接著將牛菲力肉切割為厚片狀。

在醬汁上方鋪放牛菲力厚片，讓牛肉與牛肉之間少部分重疊，形成階梯般的效果。

接著依序在牛肉上，再堆疊蓋放芝麻葉及迷你菠菜，讓表面蓋上一層綠色。

最後在表面上，再加入刨削成長條薄片的起司片，及醃漬鴻喜菇，即完成擺盤。

(Tips) 再鋪蓋在菜葉時，可考量葉面的方向性，可以讓葉面統一或交錯變化出不同的趣味；同時使用 2～3 種不同造型的葉片，則更容易製造秩序中帶有繁複變化的效果。

食材大量覆蓋的
平鋪擺盤

主廚　徐正育
西華飯店 TOSCANA 義大利餐廳

舒肥澳洲小牛菲力佐鮪魚醬

原味的澳洲牛菲力，佐以特調鮪魚醬是一絕配，運用平鋪
覆蓋的表現，讓菲力牛肉薄片的嫩紅，相間地露出於生菜
與醬汁的縫隙之間。食器選用外高內平的圓盤，適合裝載
夠有醬汁的料理，亦能將牛肉隱匿於底層；表面層層堆疊
的細葉生菜，透過配菜與醬汁的遮蓋，呈現出擺盤設計的
和諧感。

材料｜ 牛菲力、鮪魚醬、酸豆、鯷魚、當季生菜、橄欖油、鹽。

作法｜ 將牛菲力以低溫水煮後，表面烤 45 分鐘至微焦後切成約 0.2 ～ 0.3 公分的薄片，即可以其他配料進行擺盤。

擺盤方法

1

盤中均衡地平鋪放上 6 片牛菲力薄片。

2

接著以湯匙一圈圈淋上以鮪魚醬、酸豆、鯷魚及橄欖油調配成的醬汁。

3

由於肉片採平鋪擺盤，因此最底層呈現的是嫩紅色，如直接疊加鮮綠生菜，色彩的對比會比較強烈。大量的醬汁有助於調和牛肉與鮮蔬的色彩，成為擺盤色彩的重要過渡。

4

鋪蓋上較為小朵，造型上偏立體的綠捲、酸膜葉與酸豆，加入層次變化。

5

最後均勻澆淋上橄欖油及鹽巴，增添整體光澤及滋潤度，並撒上醃漬後的酸豆。

單一主體簡約布局，
呈現料理優雅氣質

主廚　林秉宏
亞都麗緻集團麗緻天香樓

西湖醋魚

單一主體的料理，若加入布局與畫盤的綴飾，即可讓擺盤呈
現出優雅精緻的感受。普羅大眾家中一定有的純白圓盤，看
似平凡卻是擺盤時最不受限制的完美食器。簡約大器的擺盤，
有時也可把食材本身的紋理與質感，當作擺盤表現的語彙。
如此道料理擺盤，便運用魚皮本身的紋理，與深色醋醬搭配，
簡約大氣的布局，輕鬆呈現這道西湖醋魚的質樸雅趣。

材料 | 去骨草魚取中段、老薑末、醬油、紹興酒、白棉糖、太白粉、鎮江醋、香菜、薑絲。

作法 | 清水煮滾後離火，放入以去刺的去骨草魚浸泡約 2 ～ 3 分鐘後，即可撈起待擺盤使用。
酸甜醋醬作法則是以醬油、糖、紹興酒與鎮江醋調製而成。

擺盤方法

1

首先順應圓盤造型，在盤面的上半部，畫出
一抹水滴弧形的醬汁畫盤。

2

接著把去骨草魚與醋醬垂直放入盤中，讓去
骨草魚與水滴形醋醬交錯擺放，展現大方俐
落的主食構圖。

3

在去骨草魚的左下方，放入一束薑絲，擺放薑
絲束時可以稍微施力下壓，並同時轉動薑絲
束，讓薑絲束站立在盤中。

4

最後用香菜，點綴於去骨草魚上方，即完成擺
盤。

田園況味
多層配菜布局

副教授　屠國城
高雄餐旅大學餐飲廚藝科

炭烤菲力牛排佐紅酒田螺

盤面外緣圓弧的線條，突顯此料理中的主角碳烤牛肉，使整體具流動性，脫離過於規矩的視覺感。為營造此料理田園氣息的清爽風格，將大蒜、玉米筍、紅蘿蔔、羅馬花椰菜等蔬菜聚焦於盤面左側，創造鮮明的色彩，帶出不同比例與多層次的構圖，再淋上田螺醬汁完美呼應田野況味，並以畫盤增添整體躍動感。

材料 ┃ 田螺肉、培根丁、碎大蒜、紅酒、牛肉高湯、奶油、紅蔥頭、菲力牛肉、熟菜泥、胡椒、鹽、白蘭地。

作法 ┃ 菲力牛肉用碳烤煎到需要的熟度，培根丁用奶油炒上色，加入田螺肉，再加大蒜及紅蔥頭炒香，炒軟淋上白蘭地酒及紅酒，加入高湯即告完成。

擺盤方法

先在盤面的左側，點入一點熟紅甜菜泥醬汁，接著用刮刀，輕壓醬汁表面。

用刮刀推出醬汁，拉出一條短厚的畫盤線條，做為底色。

在甜菜泥醬汁上，擺放挖空後放入白豆的黃櫛瓜，並在周圍堆放大蒜、玉米筍、紅蘿蔔，使其倚立或靠站，變化細微的立體效果。

將碳烤牛肉以傾斜角度擺放至盤面中央。

持續增加盤面左側配菜的層次感，加入羅馬花椰菜與油菜花，並將紅酒田螺醬汁澆淋在牛肉上。

最後在盤左側放置，一片翻開的豌豆，讓內裡的豆仁呈現出來，打造特殊的質感，即完成擺盤。

幾何造型的排列組合

Chef　Fabien Vergé
La Cocotte

沙丁魚佐橄欖柚子醋

此道料理布局簡約，摒棄過度誇飾的擺盤手法，但卻能讓
料理呈現出如同抽象畫作般的優雅美感。在思考布局時，
可把食材理解為幾何的元素，盤中出現點、線、面等不同
元素變化之餘，盤左側的沙丁魚主題，則不被其他配菜干
擾，以維持其獨獨立性，搭配顏色活潑的櫛瓜花、小紅蘿
蔔與寶寶萵苣，簡單俐落地呈現出食材的鮮味原貌，盤飾
大器也清新。

材料 | 沙丁魚、櫛瓜花、小紅蘿蔔、寶寶萵苣、圓型希臘薄派皮、大蒜慕絲、辣椒粉、橄欖油、柚子醋。

作法 | 沙丁魚預先以白酒、醋混勻洋蔥和鹽巴醃漬兩天後，淋上檸檬汁，即可視個人料理情況選擇冷藏或烹調。

擺盤方法

1 將沙丁魚去掉頭部，使其尾巴朝下，擺放於白色方盤的左側，呈現出盤飾的第一條直線。

2 接著在盤中，依序放入長條剖面的小黃蘿蔔與小紅蘿蔔，讓盤中具有三條方向與粗細各異的線條造型。

3 在蘿蔔的上方，加入一片剖面的櫛瓜花，提升線條的層次感。

4 在盤面撒入灑少量辣椒粉，並放上圓型希臘薄派皮。

5 最後在盤右側加入寶寶萵苣與酸膜葉，以湯匙放入適量大蒜慕絲後，在取直線動作淋上橄欖柚子醋，即完成擺盤。

折半彎曲營塑
動態美感

主廚　連武德
滿穗台菜

干貝芥蘭

由於芥蘭屬於較為長型的蔬菜類種，在擺盤上不利以菜葉
完整平面鋪排來呈現。而且芥蘭葉在味道上別有一番風味，
若要切除太過可惜，因此主廚運用葉片本身較為柔軟的特
性，將其作折半向內側彎曲的造型，以解決長形蔬菜的擺
盤困擾，也為擺盤塑造飛舞飄逸的動態美感。

材料｜干貝、芥蘭、柳松菇。

作法｜將芥蘭與柳松菇各別燙熟，干貝入鍋蒸熟剝成絲後即可食用。

擺盤方法

將芥蘭較為嫩青的根部放於右側，深綠色菜片朝上向內側折半彎曲。

此擺盤的重點在於蔬菜擺放整齊，並讓菜葉折彎，簡單的動作即可讓擺盤具有設計感；此外由於菜葉的彎折具有弧度，因此可選用方盤食器，讓盤景具有內圓外方、不同形狀組合而成的豐富層次感。

於芥蘭根部上方擺上柳松菇，菇頭朝下方；柳松菇長度與芥蘭寬幅相近為佳。

最後將干貝絲佐醬均勻澆淋於柳松菇中間區段之上，湯汁向下滲透，為蔬菜料理增添溫潤口感。棕黑色菇頭與芥蘭葉部裸裎保留，色彩豐富之餘更顯香味四溢、鮮甜可口。

多層幾何布局，變化複雜氣蘊

Head Chef Kai Ward
MUME

番茄

運用番茄食材的不同種類與型態，表現出豐富色彩與食材多樣化的紋理質地。另外藉由紫羅蘭、紫蘇和芥蘭花的妝點，也為內斂的深色食器所構築盤景，增添甜美柔和的感性氣質。

材料｜ 聖女番茄乾、多色番茄（日本黃金、義大利黃金、日本桃太郎、荷蘭芝麻綠番茄、聖女番茄）、番茄果凍、哈密瓜乾、紅酸膜、紫羅蘭、紫蘇、檸檬醋、枇杷、法式酸奶（使用柑橘果汁，以液態氮凝固製作）、黑胡椒、芥蘭花。

作法｜ 將番茄切塊、片等不同造型，並佐使用柑橘果汁，以液態氮凝固製作的法式酸奶。

擺盤方法

1 利用黑盤對比番茄的鮮色，保留圓心的空間，依序擺放上片狀立放的日本桃太郎番茄、荷蘭芝麻綠番茄、義大利金黃番茄，以及日本金黃番茄，呈現出多彩的放射布局。

2 接著加入枇杷切丁，並在中央放置一顆聖女番茄，且以三角形的方式崁入黑美人番茄切片，以及聖女番茄乾。

3 撒上些許黑胡椒，加入細節的質感差異。

4 放上哈密瓜乾與番茄果凍。

5 放上紫羅蘭、芥藍花、紫蘇和紅酸模，最後加上法式酸奶，擺盤即告完成。

Tips 由於番茄果凍相較於其它食材屬流體性質，間隔地放在平鋪的番茄之上才能有足夠支撐，也更能顯現獨特光澤水潤感。

小空間長盤集中食材，
留白與滿盛的同時展現

Chef Owner Angelo Agliano
Angelo Agliano Restaurant

百里香烤蔬菜水牛乳酪與葡萄酒醋

一葉扁舟似的狹長型白色瓷盤，盤面以突起波紋逐漸向外
層擴散，漣漪似的漸層為視覺平添動態美感。底部以四塊
水牛乳酪為基底，乳白膏狀的馥郁口感令人垂涎，運用蘆
筍、玉米筍、花椰菜、紅黃青椒和紅甜菜等鮮蔬的交叉羅
列，變化紅、綠、黃等豐富色彩層次交疊，除與雙側留白
且形成對比外，更盡顯集中滿盛的豐盈感。

材料｜水牛乳酪、蔬菜丁（櫛瓜、紅蘿蔔、西芹）、黃綠櫛瓜、青花椰、巴西里、小葫蘿蔔、玉米筍、綠蘆筍、風乾番茄、蔬菜油醋、青醬、陳年紅酒醋、橄欖油、番茄皮粉。

作法｜將水牛乳酪起司切成三小片放於盤中，灑上鹽和胡椒調味後放上各式蔬菜以蔬菜油醋、鹽、胡椒、橄欖油、陳年紅酒醋和青醬，再綴以巴西里，最後在灑上番茄皮粉即告完成。

擺盤方法

1

將水牛乳酪劃分成 4 等分，灑上蔬果切丁細末後，以鐵勺盛至盤中寬幅擺放。

2

將以橄欖油和葡萄酒醋均勻攪拌的蔬菜，排入水牛乳酪的間隔處，加入深淺不一的色彩，提升潤澤可口效果。

3

水牛乳酪間的鮮蔬，取黃、紅、綠之順序，由淡至深，取 V 或 X 形的羅列方式逐一擺放，加入色彩的韻律感。

4

葡萄黑醋與青醬以點狀擠壓方式，交錯滴落於菜餚外圍，將擺盤重點圈點而出。

5

最後加上略帶苦味的紅甜菜，並由內而外淋灑橄欖油提味，擺盤即告完成。

以圓堆疊盤心焦點，
突顯主食要角

主廚　許漢家
台北喜來登大飯店安東廳

南瓜黃金燉飯，慢燉杏鮑菇，海苔酥

純白圓盤為普羅大眾家中最常見的食器之一，主廚刻意將燉飯塑整為金黃圓形、並將杏鮑菇、南瓜球等弧狀食材集中鋪置在燉飯上方，使得盤中呈現一點極為醒目的橙黃色調，最後搭配頂端的海苔酥與火箭菜，突顯擺盤色彩的變化，由於此道擺盤所用及之食材為全素料理，是許漢家主廚為茹素客人精心設計的套餐菜單！

材料｜南瓜燉飯、杏鮑菇、南瓜球、海苔酥、火箭葉、打碎胡椒粒。

作法｜南瓜燉飯以義大利燉飯專用米加入南瓜湯汁，於澆汁與收乾的過程反覆熬煮 30 分鐘以上，使米粒達到理想熟度方可上桌。

擺盤方法

1 南瓜燉飯盛放於圓盤正中央，利用湯匙修整成圓形並型塑厚度。

2 因為要集中擺放食材時，最底層燉飯的便不宜太薄，有一定厚度做為基底，擺盤會更為堅固。

3 將滷過的杏鮑菇切成圓柱狀，將杏鮑菇以四角位置擺放，放在燉飯上方，持續增加中央焦點的層次感。

4 南瓜球以挖球器塑型，同樣擺放於燉飯上放，增加南瓜口感的豐富性。

5 堆疊烤海苔酥與火箭菜與整體料理的頂層，加入芝麻的香氣並增添色澤感。

6 最後於燉飯外圍輕灑胡椒粒，如此一來，上菜時便能傳遞些微胡椒香氣，瀰漫多層次風味。

集中擺盤，
突顯主食位置

主廚　林凱
漢來大飯店東方樓

燕窩釀鳳翼

方盤的留白空間較圓盤多，更能渲染出以簡馭繁的簡約意境，因此在這道料理呈現上，主廚刻意將食材集中於盤面中央，使得盤面左右各自留下大量空間，但加強主食立體感，延伸出縱向高度，最後再以黑醋畫盤創造細緻感，整道料理擺盤在視覺上不僅協調，更留下了想像的空間。

材料 | 玉米雞翅、燕窩、綜合生菜、特製雞翅脆皮水、澄麵粉。

作法 | 將雞翅去骨，清洗乾淨後擦乾水分，用湯匙慢慢將燕窩裝填進雞翅裡，裝滿後將雞翅的口壓緊，以牙籤穿插固定，於外皮塗抹上脆皮水後瀝乾，先烘烤短暫時間使封口更緊密後下油鍋炸即告完成。

擺盤方法

使用黑醋在方盤下方點上五個距離大小相同的圓點。

將淡黃色的炸琵琶豆腐、綠紫色的生菜擺放在方盤中央，做出造型與色彩的對比。

在去骨的雞翅中，用湯匙慢慢將燕窩裝填進雞翅裡，裝滿後將封口壓緊，以牙籤穿插固定下鍋油炸；除了燕窩，也可加入炒飯等其他食材，自行加入變化的創意。

擺放上填入燕窩炸成的雞翅，將之倚靠在炸豆腐與生在之間的空缺，帶出高度。

最後將綠捲鬚及食用花放置在主食上，加強色彩點綴，即告完成。

抽象留白｜ Skill 42 集中擺放

副教授　屠國城
高雄餐旅大學餐飲廚藝科

強調留白黃金比例，
展現田園風情

紅酒西洋梨佐鴨胸

此道擺盤設計，選擇將將主菜擺放於方盤的中央，應用層
次的交疊，引導視覺重點。將鴨胸、萵苣、蜜梨以平舖擺
放的方式，形成多層次的視覺饗宴，而錯落有致的紅椒醬
汁，創造有如大小雨滴落在荷葉上的聯想，尤其在色彩變
化上，營造出閒適自然的田間風情。

材料｜西洋梨、紅酒、鴨胸帶皮、糖、肉桂棒、紅椒、紫洋蔥、紅心橄欖、綠葉萵苣。

作法｜鴨胸兩面煎上色，放入烤箱烘烤。濃縮紅酒，用糖調味，放入去皮的西洋梨蜜燉煮後切片。紅椒烤過去皮，加入雞高湯、洋蔥、蒜頭製成紅椒醬汁即可。

擺盤方法

1 先將切成厚片的鴨胸擺放於白色方盤上，上方再疊蓋一片萵苣葉。

2 萵苣上方再加上一片長型的蜜梨，依序堆疊呈長方狀。

3 以直列的方式層鋪三次。

4 接著進行第二列的鋪疊，此時可調整擺放順序，先放萵苣、蜜梨最後則是鴨胸片。

5 將洋蔥、蒜苗、橄欖以散落方式擺放主菜上，展現出鮮甜口感的田園風格。

6 最後將紅椒醬汁錯落滴落於方盤周圍，突顯主菜並聚焦整體視覺亮點。

濃湯隱藏
中央堆積布局

Chef　Fabien Vergé
La Cocotte

法式南瓜濃湯

此道湯品料理將食材細膩堆疊於湯盤中心，上桌到客人面
前時，才將濃湯倒入湯盤，一道料理囊括兩種視覺享受。
將雜糧麵包片作為擺盤第一層後，放入薯泥與培根絲堆疊，
再加上一片南瓜凍，便衍生湯盤中心的立體高度。大蒜慕
絲則在盤景中帶來畫龍點睛的效果，泡沫可以提供不同質
感的元素，另方面也讓湯品顯得更具鮮度與溫熱感。

材料┃ 南瓜、雜糧麵包片、黑蒜泥、馬鈴薯泥、培根絲、南瓜凍、大蒜慕絲。

作法┃ 將南瓜切塊，蒸軟後製成南瓜泥，加入適量鮮奶油，調味成濃湯即可

擺盤方法

取一份雜糧麵包片放入圓盤中心，並在麵包片上加入一點黑蒜泥。

接著著在麵包旁放置一球薯泥。

在麵包片上堆疊適量油封洋蔥與培根絲，變化食材的口感，但分量不超過麵包片。

接著取一片南瓜凍，將之覆蓋於培根絲與薯泥上，並加入些許大蒜慕絲。

讓大蒜慕絲由左至右橫跨南瓜凍，畫一條中心線，即完成擺盤。

Tips

為了讓食用者享用到最溫熱的湯品滋味，完成擺盤後，會先將料理上桌至客人面前，再沿著中心食材的周圍倒入南瓜濃湯。中央的大蒜慕絲，也會因為湯品的灌注，而在中央形成明晰的泡沫質感。

四點平衡構圖，
視覺沉穩磅礴

主廚　許漢家
台北喜來登大飯店安東廳

香煎澳洲和牛肋眼牛排

此道法式料理採用平整的大方盤為戲劇背景，主廚刻意將
盤內主、配菜都塑造成圓型對比方正。如此一來，法式料
理中屬於重頭戲的主菜，也就藉著平衡盤景的穩重而磅礴
登場。此道擺盤皆以點連成線為構思，分別將食材擺放於
四角，創造出平衡對稱的視覺構圖。醬汁畫盤時，些許線
條的效果，又比單純點狀的畫盤，更能引導視覺動線。

材料┃ 澳洲和牛肋眼牛排、酥脆馬鈴薯泥、蕪菁、紫山藥、荷蘭豆、玉米筍、紅蘿蔔、格拉帕酒醬汁。

作法┃ 酥脆馬鈴薯泥是將煮熟的馬鈴薯混和起司粉，以湯匙挖塑成圓形，並下鍋油炸至外表金黃酥脆而成，內餡口感柔滑而綿密。

擺盤方法

1 大方盤左上角平鋪馬鈴薯泥為基座，堆疊紫山藥、糖果蕪菁和玉米筍等清脆蔬菜，運用交叉堆疊的擺放法，讓時蔬堆疊出小巧的盤景高度。

2 並將馬鈴薯泥塑成圓形油炸至金黃酥脆，擺放於右上角，完成盤景上半部分的平衡線。

3 將格拉帕酒醬汁以湯匙在大方盤下方由左至右，壓畫出一道圓頭直線。

4 在畫盤線條的終點，擺上一塊澳洲和牛肋眼牛排，讓下方的盤景呈現出重輕重的交錯變化。

5 最後在左上方的時蔬淋上香草橄欖油提味；就完成此道四點平衡的盤景構圖，作法簡單卻極富戲劇張力。

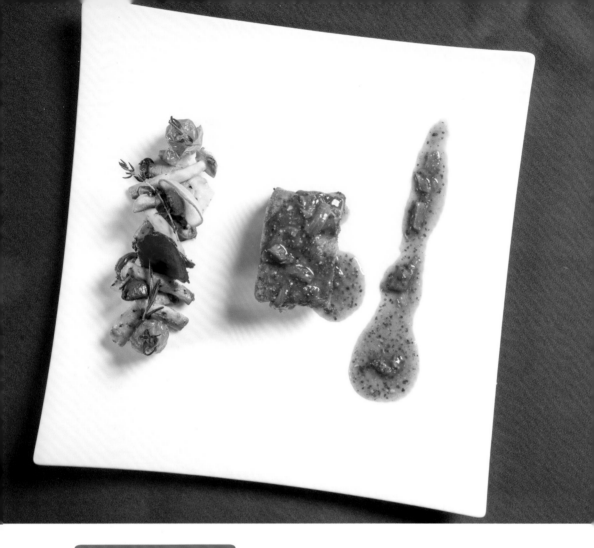

三段直線平衡盤景空缺

主廚　許漢家
台北喜來登大飯店安東廳

烤西班牙伊比利豬菲力，清炒野菇，法國芥末籽醬汁

四方白盤本具有工整俐落的食器形象，因此在擺盤時，也
可加入線條的變化，以不同形式的表現，呼應四方食器的
擺盤布局。主廚以直列式構圖刻畫出三條平行線，刻意將
主食、配菜及醬汁分別盛盤。透過食材的布局，變化出構
圖的視覺趣味！

材料｜ 西班牙伊比利豬菲力、野菇、風乾番茄、蕪菁、百里香、迷迭香、法國芥末籽醬汁、紅甜椒、馬鈴薯泥。

作法｜ 將伊比利豬肉低溫煎烤至約八分熟，趴配芥末籽醬汁與清炒野菜即告完成。

擺盤方法

1

在方盤左側放上一顆風乾番茄，以其當作起點，線性地交錯擺列清炒野菇。

2

中間可以填入切成薄透的蕪菁片，並插入百里香和迷迭香增加立體感，線條的終點同樣擺放一顆風乾番茄。

3

將烤西班牙伊比利豬菲力直放於方盤中心，表現食材高度。

4

在中央的伊比利豬肉上，加入些許法國芥末籽醬汁提味，醬汁不需過多，沾染些許即可。

5

最後在盤景的右側，同樣使用湯匙勺盛法國芥末籽醬汁，簡單畫出直線，完成第三條直線，三條線段的組成各不相同，但由於採取同樣構圖，不同的食材質感卻又能把握視覺上的和諧感。

食材造型化身筆觸，
點線面交錯相融的布局構圖

主廚　蔡世上
寒舍艾麗酒店
La Farfalla 義式餐廳

經典義式開胃菜

本擺盤宛如一幅回歸點線面基本元素的抽象畫作，期間可見多
種不同的平面與立體造型。搭配粗獷方形的盤面，更有助於襯
托食材本身的原貌與質地。盤中充滿了許多色彩與形式的變化，
左上側的火腿臘腸冷肉盤組，玫瑰粉紅、鮮紅、煙燻紅等色澤
映襯的更加纖細滑順。而色彩與食材分配亦是一大重點，上方
的冷肉與番茄均屬紅色系，而下方藍起司與炸蝦餅均以塊狀交
疊的方式呈現，看似隨性的構圖，細究紋理卻自有邏輯。

材料｜ Parma Ham- 義大利生火腿、Salami- 義式臘腸、丹麥藍起司 (Blue)、法國布里乳酪 (Brie)、義大利泰拉爵起司 (Taleggio)、炸蝦餅、巴沙米可酒醋、凱薩沙拉、水牛番茄沙拉、杏桃乾、餅乾、風乾蕃茄、酸黃瓜、手工酥脆麵包棒。

作法｜ 混合新鮮蝦子及干貝剁碎做成蝦漿，加入乾蔥、大蒜、白酒、白蘭地、全蛋、巴西里、胡椒鹽調味，經由拍打使其富含彈性，捏成圓餅狀後依序裹上麵粉、蛋液、麵包粉油炸至酥脆，即製成炸蝦餅。另附上杏桃乾、餅乾、風乾蕃茄、酸黃瓜、手工酥脆麵包棒可搭配乳酪、火腿、臘腸、起司和沙拉食用。

擺盤方法

將蘿美芯置中斜放，而盤面右上角與左下角對稱擺放牛番茄水牛起司及布里乳酪。

左上角與右下角則放上均屬肉類的 Parma Ham 義大利生火腿、Salami 義式臘腸及炸蝦餅。

左上方的火腿與臘腸，由於食材的造型屬於片狀，因此可以採取先捲曲再堆疊的方式擺放。

讓火腿與臘腸的色彩造型做出區別，增加細節處的精緻感。

將酸黃瓜、風乾蕃茄、洋蔥和橄欖錯落於蘿美芯四周、蘿美芯撒上凱薩醬後，擺上香鹹醃漬白鯷魚，並淋上油醋作成凱薩沙拉。

最後於中間配菜處加上芝麻葉作裝飾，以鑷子夾取青醬置於水牛番茄沙拉之上，並讓手工酥脆麵包棒交叉放置於蘿美芯之上，以酸黃瓜作支撐點，形成傾斜角度，蘇打餅乾呈T字型倚靠於丹麥藍起司旁側，即完成擺盤。

分散食材，
突顯主從的大小與布局

行政主廚　陳溫仁
三二行館

紅甜蝦佐黑蒜泥

大小形狀錯置的畫面，容易製造韻律感，當食材元素較少時，大小對比的表現也是一種很實用的擺盤技法。利用食材與醬汁的大小差異，設計出有秩序的擺盤布局。但在運用此技法時，還是要先確認主從關係，主食材為紅甜蝦，配角即為角瓜與黑蒜泥，太過分散便無法突顯料理主題。

材料 | 紅甜蝦、角瓜（澎湖絲瓜）、黑蒜泥。

作法 | 角瓜切絲清炒後備用；紅甜蝦去殼去泥腸後，以鹽與胡椒煎至 5 分熟；黑蒜頭搗成蒜泥後置於奇異瓶中便於擠用。

擺盤方法

取一大圓盤，將炒好的角瓜絲分為小兩堆，平行置放在圓心兩側，角瓜堆疊厚度需達一公分，因同時要作為甜蝦立放時的基座使用。

將 4 尾紅甜蝦，兩兩一組立放於角瓜絲上。

以醬汁瓶擠出 8 個黑蒜泥小丘，並於其中插上茴香。醬汁與主食的大小比例應拿捏得宜。

醬汁的大小與位置，會是此技法的重點，為了讓盤飾重心維持平衡，醬汁的位置應平均錯開，其擠壓的量也不宜有大大落差。

最後在盤面空白處加入蒔蘿與金蓮花葉即大功告成。

活用大小食材，
變化湯品情境

副教授　屠國城
高雄餐旅大學餐飲廚藝科

葡萄干貝冷湯

在經營湯品擺盤時，可以透過食材造型的應用，表現出面
或立體的布局效果。此道擺盤則是利用中央堆疊的方式，
拉高冷湯中央的高度，除了呈現立體感，也讓食用者方便
食用。再搭配環繞於干貝周遭的大小圓形食材，呈現錯落
均衡的層次變化。湯盤餘留空間強調留白的美感，呈現透
明與穿透質感，營造出巧妙亦優雅的印象。

材料｜杏仁片、吐司、牛奶、特級橄欖油、葡萄、鹽、胡椒、干貝、冰花。

作法｜杏仁烤黃至熟，加入吐司、葡萄去皮去籽與牛奶用果汁機打成泥，加鹽、胡椒、橄欖油
調味打均勻，湯汁過濾備用。干貝調味後煎烤至適當熟度，裝入盤中後即告完成。

擺盤方法

1

首先在透明盤中倒入冷湯。

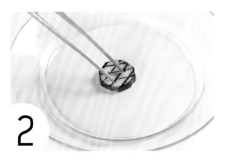

2

倒入適量的冷湯，露出湯盤上半部的份量後
在盤正中央放置一個 1～2 公分高的切片櫛
瓜。

3

接著在櫛瓜的上方，放置一顆干貝、風乾蕃茄
與冰花，並在周圍以放射狀的方式，放入 3 顆
去皮去籽的完整葡萄，用大小圓點的食材經營
湯品的畫面。

4

接著周圍的空白湯面上，加入些許杏仁片，增
添整體層次美感。

5

最後在冷湯的外緣，滴入橄欖油畫盤，製造
湯面上的點點造型，變化整體視覺上的趣味
感，即完成擺盤。

Tips

由於透明湯盤具有穿透性，上桌時
下方也可再襯墊一塊有顏色的秀台
或其他盤器，變化色彩層次。

抽象留白 | Skill 45 大面積留白的盤景構圖

繁複布局
對比空缺意境

Head Chef Kai Ward
MUME

巧克力、香蕉和花生

1/2 盤面留白就像是懸而未決的故事結局，吊足讀者胃口。
而「空」的擺盤意境，在甜點上的使用尤其適合，因當餐
點已近尾聲，無需喧嘩立異，而是靜待顧客將今日愉悅且
滿足的用餐感受，自由地挹注於空白盤面，拼上饗宴的最
後一塊拼圖。

材料｜ 花生酸奶醬、Ganache 巧克力甘納許、焦糖花生、栗子餅乾粉、花生粉、烘乾巧克力慕斯、香蕉冰淇淋、栗子餅乾、巧克力拉糖的糖片。

擺盤方法

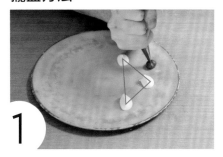

以湯勺取用花生酸奶醬，在盤左側加入三角的花生酸奶醬布局。。

接著加入巧克力甘納許，由上至下、左右交錯於花生酸奶醬之間，形成兩個三角布局的重疊。

以湯勺的柄部，壓抹巧克力甘納許，讓巧克力甘納許形成高低傾斜的造型，與立體突起的花生酸奶醬形成對比。

接著於布局的空隙處，擺入較大塊的顆粒狀栗子餅乾，與小顆粒狀的烘乾巧克力慕斯，並輕灑些許栗子餅乾粉。

接著以堆聚的方式，加入焦糖花生及花生粉。

最後將巧克力拉糖片以立體方式嵌入於內，香蕉冰淇淋置於栗子餅乾粉末，即完成擺盤。

親見季節轉變，
適度留白刻劃盤中風景

主廚　徐正育
西華飯店 TOSCANA 義大利餐廳

爐烤長臂蝦襯西班牙臘腸白花椰菜

以綠、紅、褐三色為發想概念，呈現自然界中開花、落葉、
枯萎的季節轉變，適度於盤中留下大面積的空白，讓季節
感刻劃於盤中。大量的留白可讓料理呈現靜物感，但也可
能讓料理失去生命力，此時可運用食器造型，或加入灑粉
或小型配菜，加強局部細節變化，讓焦點回歸食材的搭配
及表現。

材料｜長臂蝦、西班牙臘腸、番茄、酸豆、皇帝豆、白花椰菜、火腿、雞湯、高麗菜。

作法｜將長臂蝦去殼後烤熟備用，再將西班牙臘腸、番茄、酸豆混合熬煮成醬汁待用，另起一鍋將白花椰菜、火腿、雞湯混合熬煮後打成泥狀，即可進行擺盤。

擺盤方法

因要加入大量留白，故先選用了一塊盤緣有色，不規則的類緣圓盤；首先以使用湯匙用白花椰菜泥於盤中右邊 1/3 處畫盤，手法由下而上畫出兩道一重一輕的交錯線條。

依循醬汁的動線，間隔地放上 3 片烤過的白花椰菜切片。

在白花椰菜的空隙，放入 3 顆炒過的皇帝豆，同樣維持小分量，帶出空間感。

接著在皇帝豆上方，疊放約一小匙的西班牙臘腸燉物。

畫盤上已有 3 小堆的食材組合，每堆各堆疊上烤熟的長臂蝦，並交錯擺放上兩片高麗菜片跳色。

最後在左側撒上甜菜根粉，在大量的留白盤面中加入細微色彩裝飾，即完成擺盤。

捲曲狀鴨肝與洛神花，
揉塑秋風落葉情境

Chef Clément Pellerin
亞都麗緻大飯店巴黎廳 1930

洛神花、松露鴨肝

由於洛神花盛產季節大約於秋季，因此主廚設計此道擺盤時便
以此為創作靈感，刻意將鴨肝刨成細長捲曲的薄片，搭配散布
的洛神花與薄薑餅，演繹出一幅秋風落葉的美景。由於擺盤時
刻意使盤面大片留白，盤中央的鮮豔紅色，便能有效地穩定視
覺重心，讓盤飾不至於產生左右傾斜的效果；搭配水波漣漪紋
樣的白盤，具有畫龍點睛的效果，運用食器本身的造型特色，
留白的盤面部分反而充滿了一種擴散般視覺效果。

材料｜洛神花、鴨肝、白松露、薑餅、地榆葉。

作法｜刻意將鴨肝刨成捲曲的薄片，搭配洛神花與薄薑餅即可進行擺盤。

擺盤方法

1

經過冷凍後的鴨肝削成薄片成為捲狀後，把長條狀的鵝肝捲片交錯堆疊在盤面的左下方。

2

堆疊時可讓鵝肝呈現 V 字的擺放，兩條鵝肝捲確認位置後，第三條便可採交錯或斜放的方式加入，逐漸延伸布局。但在進行此料擺盤時動作要快，因為鴨肝在室溫下很容易就軟化了。

3

把料理的主體集中在盤左側，讓鵝肝捲的布局排出線條感，其中的空隙還可加入其他食材變化；盤右側的留白，則讓漣漪紋樣帶出視覺上的變化。

4

接著在擺盤布局的上中下各放入三片洛神花瓣，可稍微手壓塑型成落葉狀，表現出如秋季落葉般的自然感。

5

空隙中，陸續加入地榆葉，以及食用花瓣，變化色彩的豐富度後，在盤中，加入洛神花汁，填滿白盤圓底。

6

最後在洛神花汁中滴入一些核桃油，創造點狀層次，灑上少許鹽巴，並以花瓣點綴延伸落葉蕭瑟感，最後於左半邊放入酥脆薄薑餅，與滑潤鴨肝取得口感平衡，最後點綴松露薄片即完成擺盤。

大筆揮灑，
山水潑墨般的盤景臥遊

西餐行政主廚　王輔立
君品酒店雲軒西餐廳

香煎海鱸，鮮蝦襯珍珠洋蔥

不規則如純白畫盤的淺型白盤，為搭配鮮味的海鱸與蝦子，
同樣以海味的墨魚做為醬汁基底，使用刮刀貼合盤子刮抹，
創造出如大師筆下力度非凡的山水名畫，展現其大氣脫俗
之風貌。

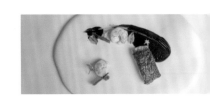

材料｜ 海鱸、鮮蝦、珍珠洋蔥、墨魚汁、美乃滋、香菜梗、醬油芝麻片。

作法｜ 將鱸魚與鮮蝦煎上色，珍珠洋蔥烤好，墨魚汁與美乃滋調和成醬汁，即可進行擺盤。

擺盤方法

於盤右上 1/3 處挖上一匙墨魚醬汁，以刮刀往左刮畫出弧形，在其尾部再刮畫一次較小的畫盤，變化輕重。

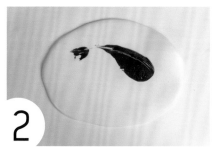

此道畫盤技巧採用刮刀繪畫，用刮刀緊貼盤底後往左側 45 度畫出弧形，能造成較為俐落的表現，其表面會比湯匙畫盤的線條更為圓潤，且能造成飛白效果

以三角布局的方式，在盤右下放上煎好的鱸魚，左下放上一尾鮮蝦，盤中上方則置物另一尾鮮蝦。

再加入三個烤好對切的珍珠洋蔥，讓兩個三角布局重疊，做出變化。

最後放上立起的香菜梗，並在食材空隙處插上醬油芝麻片，運用立體效果，平衡大片的留白。

綜合食材質感，
構築特異造型

主廚　林顯威
晶華酒店 azie grand cafe

明蝦、羊肚蕈、龍鬚菜、小黃瓜、黑松露

此道擺盤的布局較為特別，主廚統合了多種不同質感的食
材，並將之排列為線性的構圖。整體擺盤就像是多條特色
線段的連結，串起不同材質、不同顏色的料理。回歸到純
粹線段的盤飾，襯以黑色食器，反而更有助食用者對於食
材本身的注意。橫直斜向變化的線條，做出連接擺盤畫面
的橋樑，讓整體視覺呈現不同於以往的印象與感官魅力。

材料 ｜ 明蝦、羊肚蕈、龍鬚菜、黑松露。

作法 ｜ 將明蝦去殼保留尾巴，蝦腹肉上劃上一刀後煎熟，龍鬚菜燙熟，小黃瓜去皮切成小丁狀
後清炒，黑松露刨成片狀，即可進行擺盤。

擺盤方法

1

於明蝦上橫跨放上一條燙熟的龍鬚菜。

2

將龍鬚菜做出「團」與「線」的變化，把龍
鬚菜團集中放在下方的明蝦上，再拉出一截
葉束，連接到上方的明蝦。

3

於明蝦的上下方，放上羊肚蕈，加入堆聚處的
質感變化。

4

接著在一旁放入小黃瓜碎粒，讓布局漸漸擴
張，並豐富其中不同質地。

5

最後於明蝦上與龍鬚菜的交界處，點綴黑松
露片，在不同材質交會的地方，加入重色，
即完成擺盤。

移步易景的多重視角布局

主廚　李湘華
台北威斯汀六福皇宮頤園北京料理

三品前菜

所謂三品指的是海蜇絲、烏魚子、椒麻雞，來作為用餐前
的開胃小點。食材的布局是視覺焦點，另外居中作為點綴
的草莓，側邊一盤水梨切片宛如屏風，除作為美麗妝點外，
也可搭配烏魚子食用。中式建築有所謂「移步易景」園林
景貌，本道擺盤亦有同工之妙，每個小細節均有一番景致。
此擺盤有趣之處在於主廚把多樣食材，各自拆解為數個獨
立的個體，但又同時存在於同一盤景中，綜合了切割、堆
疊、畫盤與跳色的多樣技法；此盤飾設計彷彿帶有立體派
多重視角的觀點，不同角度皆可見其多元布局趣味。

材料｜海蜇絲、烏魚子、椒麻雞、金桔、小番茄。

作法｜將以海蜇絲、烏魚子、椒麻雞切成適當大小備用，依高低層次放入盤中，再以果醬勾勒出花卉形狀，加之金桔、小番茄點綴即可。

擺盤方法

先將番茄圓形切片，置於盤心左側作為鋪底。

將海蜇絲裝入湯匙內立於番茄之上，擺放位置與盤面呈 45 度角。

將烏豆沙搓圓，當成擺飾的底座。

插入稻穗與小豆苗裝飾，放入盤左上角，由上至下依序放上紫色芋頭番薯，草莓、和小黃瓜切片，讓盤中形成紫、紅、綠三色互映的趣味。

接著於紫色芋頭番薯上，疊上烏魚子及蒜片；草莓側緣加上水梨切片；下方的小黃瓜切片則擺上雞肉。

最後於盤中加入畫盤表現，並於雞肉加上椒麻醬，擺盤即完成。

運用泡沫與撒粉
穩定盤飾平衡

Chef de Cuisine Olivier JEAN
L' ATELIER de Joël Robuchon

炙燒鮑魚綴南瓜慕斯及洋蔥卡布奇諾

主廚首先於圓盤中心的長方形裡，以西班牙辣椒粉拉出斜線，強調了南瓜慕斯與炙燒鮑魚後，鮮黃的南瓜慕斯點狀擺盤形成跳躍感，藉著橘紅色的線條延伸構圖戲劇性。

材料 | 炙燒鮑魚、南瓜慕斯、洋蔥卡布奇諾、天婦羅、芝麻葉、蒔蘿。

作法 | 天婦羅粉加水調勻於烤盤紙畫出水滴狀，灑上胡椒與辣椒，炸至雙面金黃，冷卻後剝離完成使用。洋蔥清炒後加入蔬菜高湯煮至軟爛，將洋蔥撈棄僅留下洋蔥汁，加入奶油製作成泡沫狀，製成洋蔥卡布奇諾。將南瓜切半以錫箔紙包覆後放入烤箱烤製；取出後加入塊狀奶油與鮮奶油打勻混和成濃湯，打發製成南瓜慕斯；將帶殼鮑魚清洗後放入冷清水煮至小滾，移開火爐後包覆保鮮膜使其悶煮至水降溫變冷，去殼以奶油煎至薑與蝦夷蔥入味即告完成。

擺盤方法

1

以辣椒粉在圓盤中的長方空間中拉出對角斜線。

2

以辣椒粉為界，將南瓜慕斯擠出 3 個點狀造型。

3

在構圖時，先想像食器中間具有一條中線，運用辣椒粉拉出對角線，除了營造視覺張力，南瓜慕斯的擺放位置亦可藉此，分作上下構圖動線的歸依。

4

將炙燒鮑魚順著食材纖維斜切作 3 塊，分別擺盤於南瓜慕斯上方。

5

加入洋蔥卡布奇諾，並將炸天婦羅片分別直插於南瓜慕斯中。

6

最後用芝麻葉與蒔蘿各自點綴於 3 個點狀擺盤，於食材周圍滴上橄欖油，即告完成。

爽口鮮甜綠蘆筍，
配角翻身挑大樑

行政主廚　陳溫仁
三二行館

蘆筍蟹肉佐魚子醬

由於本料料理分量較少，因此食器的選用空間也不需太大，
但如何在小空間的盤面中進行變化，且不致使盤飾過於單
調，此時便可應用更細微的佐料進行擺盤。所應用的食材
佐料，可依食器大小進行調整。像蕃紅花晶球等食材，在
小型碟盤中的散落布局，即可變化出抽象自由的視覺效果。

材料｜ 綠蘆筍、蟹肉、魚子醬、蕃紅花晶球、時蘿、芳香萬壽菊。

作法｜ 筍幹以刨刀刨成薄片，川燙冰鎮後，包裹已蒸熟放涼的蟹肉，成為蟹肉捲。蘆筍尖同樣需川燙冰鎮。另使用晶球模具、海藻膠、蕃紅花醬等製作蕃紅花晶球。如無法製作蕃紅花晶球，可將番紅花與高湯煮成汁，加吉利丁或菜燕（洋菜凍）做成果凍代替。

擺盤方法

以綠蘆筍的筍尖與蘆筍皮作為食材，削切蘆筍皮後，中央可蘆筍片包裹蟹肉捲。

將切割下的筍尖上，加入魚子醬並立插兩株蒔蘿葉跳色，同時夾取少許芳香萬壽菊在蘆筍尖與蟹肉捲上加入細微變化。

在小碟上，將蕃紅花晶球做不規則灑放，但務必保留部分空間不宜灑滿。

使用鑷子，將蟹肉捲小心平移至碟中。

最後再小心放入蘆筍尖，兩個做為主體的食材，可取不對稱的擺放，對應背景亂落的蕃紅花晶球，盤面的感覺更為奔放。

Tips

蕃紅花晶球雖是自由灑放，但建議可以酌量加入，如有不足，再做添加；而靠近盤緣處可盡量留白，以突顯主食材的地位。

瞬間凝視之美，
黑盤上的火焰微光

主廚　楊佑聖
南木町

焰燒鮭魚握壽司

為使平面擺盤更具層次及臨場感，以酒焰燒的手法可謂其
翹楚，淋上甘蔗酒並點火，燃起短短幾秒的火焰，如同凝
聚全世界的溫度，給予視覺極大的享受，同時為口感增添
焰燒的豐富與酒香，選擇內凹盤型除了作出高低差距，更
是焰燒時須注意的安全考量。

材料｜鮭魚、壽司飯、覆盆子醬、蜂蜜黃芥末、韓式辣椒醬、巴薩米克黑醋、甘蔗酒。

作法｜將鮭魚切片，與壽司飯捏成鮭魚握壽司，即可進行擺盤。

擺盤方法

選用一黑色長盤，盤中加入覆盆子醬和蜂蜜黃芥末的畫盤，以湯匙的側面，畫出略斜的線條，並搭配與點狀相間的表現。

斜切鮭魚肉片，把鮭魚肉生魚片放上壽司飯上後，捏製握壽司。

把鮭魚握壽司把放在食器的正中間，順應畫盤線條，斜放之後，再於鮭魚握壽司上擠上大量的韓式辣椒醬和巴薩米克黑醋。

用火焰槍炙燒表面，讓韓式辣椒醬和巴薩米克黑醋入味。

再握壽司上放入鹽巴，再滴上甘蔗酒。

最後點火，透過火焰的炙燒把甘蔗酒的酒味稍入鮭魚肉中，即完成擺盤。

素雅食器，
突顯食材本身的美感肌理

主廚　詹昇霖
養心茶樓

千絲豌豆仁

本道擺盤所應用的食器宛如一艘小船的純白食器，雖然食器本身頗具特色，呼應其所盛裝盛的米色豆腐千絲，反而容易讓擺盤的視覺重點，停留在豆腐千絲本身的細微紋理。搭配甜紅椒絲與豌豆仁的點綴，整體擺盤形成一幅如詩如畫的寫意風景，底部斑駁的枯枝，對比細微的食材質理，清淡口感卻有視覺效果衝擊。

材料｜蛋豆腐絲、豌豆仁、甜紅椒絲。

作法｜薑末先以油爆香後，加入素高湯、豆腐絲與豌豆仁，以少許鹽作調味即可。

擺盤方法

將純白食器置放於底盤枯枝的開口處，使其平衡不搖晃甚至掉落。

將豆腐千絲盛入純白食器，運用湯匙分次盛裝較好控制此道擺盤的分量。

豆腐千絲上放入甜紅椒絲。

辣椒絲上放入豌豆仁，即完成此道擺盤。

Tips

以食材本身肌理做為擺盤呈現的技巧，重點在於食器搭配與審美判斷。豆腐千絲紋路細膩，主廚以此特點切入，搭配自然原始的樹枝，傳遞細緻與粗獷的鮮明對比，最後加入少許豌豆仁，除了點綴色彩，也平衡了盤景中的大量線條表現。

包捲變化抽象食材紋樣

主廚　徐正育
西華飯店 TOSCANA 義大利餐廳

波士頓龍蝦襯烏魚子及酪梨

為突顯龍蝦的鮮甜與蘋果的脆口及酸格酸香，使用酪梨
捲做為外皮包裹其豐富內餡，片片細切並列排放，包捲
後反而形成斯色彩與線條交錯的抽象紋樣，除了視覺上
的優美效果，更具有入口後的難以忘懷的記憶點。

材料｜波士頓龍蝦、蘋果、優格、酸奶、蝦夷蔥、酪梨、烏魚子、馬斯卡彭起司、牛血菜、茵陳蒿、山蘿蔔葉、液化橄欖油。

作法｜將切塊的波士頓龍蝦、蘋果、蝦夷蔥及酸奶、優格混合為內餡備用；將馬斯卡彭起司及牛血菜打成醬料備用，即可進行擺盤。

擺盤方法

在乾淨紙布上，以層疊鋪蓋的方式，排放酪梨切片，並滴灑橄欖油。

將切塊的波士頓龍蝦、蘋果、蝦夷蔥及酸奶、優格混合為內餡，鋪於酪梨片上。

內餡放置完畢後，以捲壽司的方式捲緊酪梨片。

包捲時，可以稍微捏緊，使其更為緊實，完畢後即可將外層的紙布卸下，並修整頭尾突出的內餡。

接著再酪梨捲的上方，等距放上 3 片烏魚子，讓烏魚子呈同方向，視覺上較為整齊。

最後於盤中任意點幾滴大小不一的特調醬料豐富盤面，並加入馬斯卡彭起司粉、茵陳蒿、酸膜葉、山蘿蔔葉，以及液化橄欖油進行點綴，擺盤即告完成。

Tips
挑選的酪梨大小易影響酪梨捲成品，多操作幾次則可抓到酪梨的適中尺寸。而此料理使用刀叉的頻率偏高，選用淺盤能讓食材在享用切割時，更加便利。

呈現食材自有造型色彩
的純粹擺盤

主廚　蔡世上
寒舍艾麗酒店 La Farfalla 義式餐廳

義大利乳酪拼盤

本擺盤食刻意選用阿里山檜木，以自然木板為背景，突顯盤
中多樣食材的自然樣貌，讓食材本身的造型與紋理，成為擺
盤的話語。由於料理的主題為乳酪拼盤，因此在擺盤上亦直
接呈現各種不同起司的造型與質感，以奔放自由的形式呈
現，帶入立體堆疊與錯落有致的變化性擺放，讓視覺的焦點
回歸到純粹的食材造型與色彩。而在口感的經營上，由於乳
酪較為乾燥，擺盤時亦可加入草莓或葡萄等酸甜多汁的水
果，讓口感顯得更為滑順。

材料 | 法國香草大蒜乾酪（Garlic & Fine Herbs）、丹麥藍起司（Blue）、法國布里乳酪（Brie）、荷蘭高達起司（Gouda）、葵花子、杏桃乾、餅乾、腰果、核桃、酸黃瓜、芝麻葉、風乾番茄。

作法 | 法國香草大蒜乾酪、丹麥藍起司、法國布里乳酪以及荷蘭高達起司（Gouda）搭配葵花子、杏桃乾、餅乾、腰果、核桃、酸黃瓜、隻麻葉、風乾番茄，即可完成。

擺盤方法

1

將丹麥藍起司（Blue）、法國布里乳酪（Brie）、荷蘭高達起司（Gouda）各自交疊或以其塊體鋪展放置，讓整體擺盤形成一個ㄇ字型。

2

接著於盤面中心撒上葵花子，並將杏桃乾放置於盤中四點，油漬風乾番茄同樣採四角放置。

3

接著再加入核桃碎塊、酸黃瓜與草莓，草莓使用上建議剖半，內裡的深淺顏色為盤景更添層次。

4

最後將法國香草大蒜乾酪（Garlic & Fine Herbs）撕為碎屑，撒落於盤中，並加上雪豆苗與芝麻葉裝飾，擺盤即完成。

Part 3

食器選配

讓擺盤事半功倍，表現也會更爲豐富！

食器，活用食器的造型與色彩，不僅可以

順應食器布局，帶入立體思維，選用對的

色彩對比的活力樂章

主廚　許漢家
台北喜來登大飯店安東廳

春季鮮蔬海鮮交響曲

食器特色：

1. 黑色岩盤與五顏六色食材容易形成色彩對比。

2. 岩盤外觀質地較為粗獷，能夠和秀氣的海鮮、
   生菜食材襯托出剛柔對比的效果。

3. 輕薄的長方岩盤適用於冷盤和前菜，呼應法式
   料理的清爽口味。

餐具哪裡買 │ 昆庭

材料 | 鮭魚捲、牡丹蝦、蕪菁、山藥、牛血葉、酸膜、紅生菜、冰花、柳橙、食用菊花瓣、松露油醋醬

作法 | 將牡丹蝦經過炙燒處理，煙燻帝王鮭平捲塑形依據食用喜好切半。山藥與蕪菁以雞高湯及松露鹽烹調，切作圓柱狀及塊狀，牛血葉、酸膜、紅生菜等鮮蔬洗淨，待擺盤時使用。

擺盤方法

1

切成圓柱狀的蕪菁與山藥各一，擺放於長方岩盤右上與左下角，拉出盤景對稱構圖的斜角線條。

2

兩隻牡丹蝦各別堆疊於蕪菁和山藥上方，使蝦站立，並將鮭魚捲緊靠於旁，主食鮭魚捲和牡丹蝦特意堆疊，帶出盤景高度。

3

加入柳橙、牛血葉、酸模、冰花等當季生菜，利用斜角線條為基準，錯落灑放於主食周圍，使紫紅和鮮綠襯托岩盤形成剛柔對比的對稱構圖。

4

薄切蕪菁直立填入生菜其間，讓光線可以穿透，灑上食用菊花瓣作為若隱若現的色彩點綴，最後滴淋松露油醋醬於食材上方，點出光澤感。

（Tips）

料理中使用的鮮蔬配菜可隨個人喜好挑選當季食材，並選擇是否經過烹調處理，僅把握色彩豐富之原則，將岩盤襯托出鮮豔的視覺對比即可。

鮮豔食材襯黑底，
聚焦盤中風情

副教授　屠國城
高雄餐旅大學餐飲廚藝科

脆皮菠菜霜降豬佐椰奶醬汁

食器特色：

1. 深色食器特別適合用於需要展現鮮豔色澤的食材。
2. 黑色背景會使食材原色更顯清晰，因此在擺盤上配色
   上可更加大膽。
3. 圓盤內擁有同心圓紋理，為整體視覺增添精緻感。

餐具哪裡買 ｜ 金如意餐具

材料 ｜ 霜降豬、菠菜泥、麵包粉、義大利香料、黃芥末醬、椰奶、鮮奶油、紅蘿蔔、橄欖、鴻喜菇、紅酸膜、紅酒蜜梨、白酒

作法 ｜ 將霜降豬以鹽胡椒調味煎至半熟，抹上黃芥末醬，放上拌合的菠菜泥、麵包粉、義大利香料，放入烤箱烘烤。紅蔥頭以白酒濃縮，加入椰奶再濃縮，最後調味即完成。

漆黑色系襯映碗裡配色

料理長　五味澤和實
漢來大飯店弁慶日本料理

吸物

食器特色：

1. 選用漆黑色系，便於映襯碗內的高湯光澤及主食材的潔白質感，讓視覺聚焦不失真。

2. 碗型適合盛裝湯品，附有外蓋能鎖緊香氣，此尺寸適合以碗就口，不需使用湯匙。

3. 外蓋繁美花紋與碗圍的豬肝紅線條相互呼應，具有傳統日本食器之美。

餐具哪裡買｜日本進口

材料｜櫻鯛、真薯、明蝦、紫蘇葉、紅蘿蔔、芽蔥、鴻喜菇、柚子皮、柴魚高湯。

作法｜櫻鯛真薯包裹明蝦及紫蘇葉，做成櫻鯛真薯明蝦砧後蒸熟，即可進行擺盤。

大紅盤底爲畫布，
巧映抽象美感

西餐行政主廚　王輔立
君品酒店雲軒西餐廳

比目魚甘藍慕斯

食器特色：

1. 豔紅圓盤，視覺張力十足，運用此種色彩搶眼食器，
   可先讓食材色彩作為陪襯，用食器作為擺盤主色調。

2. 紅色帶有溫熱，微辣的色彩印象，搭配冷前菜可製造
   反差效果。

3. 應用強色進行對比時，小分量布局細緻的盤飾更容易
   跳脱視覺重點。

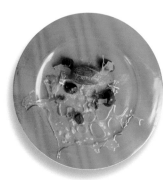

餐具哪裡買｜一般餐具行

材料│ 比目魚、甘藍葉、墨魚汁、馬鈴薯泥、海藻、烏魚子粉、海苔片、巴西利粉、造型糖漿片。

作法│ 以甘藍葉包裹比目魚慕斯蒸八分鐘後備用；將墨魚汁混合馬鈴薯泥做成馬鈴薯餃，即可進行擺盤；糖漿片是將葡萄糖、水、鹽沸騰攪拌後，將其畫塑出需要的造型，進行冷卻後即可製成。

擺盤方法

為呈現比目魚的細緻肉質，使用甘藍葉將其包裹於其中，利用圓柱般的形體，平衡糖漿片不規則的抽象表現，再採用濃烈紅盤為基底，增添視覺上的搶眼且更突顯比目魚捲的存在感。

糖漿片上方則放上主食甘藍比目魚捲。

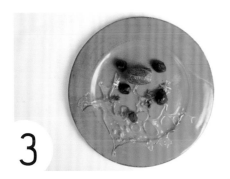

在甘藍比目魚捲的周邊擺放數顆馬鈴薯餃，並在馬鈴薯餃上點綴海藻。

最後撒上烏魚子粉、巴西利粉，用粉末製造盤飾細節，並馬鈴薯餃旁立體擺放上海苔片即完成擺盤。

Tips

灑粉的點綴，集中於盤飾中央，因為糖霜片取流動造型，有向外擴散的效果，粉末集中有助匯聚盤飾重點。

深邃食器，大面積深色食材
聚焦擺盤重心

主廚　蔡世上
寒舍艾麗酒店 La Farfalla 義式餐廳

焗烤波士頓龍蝦襯費特西尼寬扁麵

食器特色：

1. 眼睛般的狹長橢圓形，左右緊收，可以簡單營塑料理的集中滿盛感。

2. 餐盤相當深邃，盤面且寬，適合將龍蝦螯腳作立體擺放，增添視覺上的戲劇效果。

3. 外側為高雅低調的霧銀色澤，內部為吸睛的亮面黑色，輕易突顯食材的質感對比。

餐具哪裡買 ｜ 昆庭

材料｜龍蝦、番茄、蘆筍、寬扁麵

作法｜新鮮龍蝦放入熱鍋煎至金黃，抹上白醬及起司後放入烤箱焗烤。以乾蔥、洋蔥、蒜頭、Cajun 等香料先爆香後加入雞湯、番茄及蘆筍熬煮至三分熟，放入麵香豐富且具嚼勁的寬扁麵，待麵條收乾後起鍋再擺上焗烤龍蝦。

擺盤方法

将寬扁麵以長夾捲曲旋轉，整齊麵條的順序，預備放入盤面中。

接著放入番茄、蘆筍與菇類等蔬菜妝點。

將波士頓焗烤龍蝦斜於寬幅盤面，作立體擺放，刻意讓龍蝦螯腳突出盤緣，增加盤景的氣勢與張力。

將帕馬森起司薄片鑲嵌於龍蝦與寬扁麵之間，最後加上芝麻葉作裝飾，擺盤即完成。

(Tips)

將寬扁麵以長夾捲曲後，將長夾直立，慢慢地把麵條堆入盤中。一方面可以使麵條造型更為整潔，也可避免使用筷子夾麵，造成麵條斷裂與造型絮亂。

鏡面效果產生上下對映

行政主廚　陳溫仁
三二行館

地瓜乳酪佐抹茶冰淇淋

食器特色：

1. 黑色的亮面圓盤，具有鏡射的效果，擺放料理後，可以製造有倒影般的有趣盤景。

2. 運用鏡射效果的擺盤，布局不需繁複，純粹的線性或擺放主體，便可產生良好效果。

3. 食材的選用可加入對比的效果，讓映射的鏡面展現出厚薄高低的視覺變化。

餐具哪裡買│俊欣行

材料│地瓜泥、紅綠色脆餅、奶油起司醬、抹茶冰淇淋、巧克力餅乾粉、草莓、桑椹。

作法│將台灣黃地瓜烤熟後加入糖與奶油調奶油攪拌為泥狀，再以手捏塑型成球狀。將加入奇異果泥、抹茶粉、覆盆莓與話梅的麵糊烤成餅乾後塑型，即製成葉片脆餅。

活用色彩的食器搭配法 │ Skill 50 淺色食器的擺盤

花瓣般食器，
點亮料理春意色系

料理長　羽村敏哉
羽村創意懷石料理

鮪魚明蝦

食器特色：

1. 明亮鮮豔的黃色，帶有時令感的春意，使得碗中物更有
   生命力，活化食材的新鮮度。
2. 花朵般的造型食器，視覺呈現搶眼可愛。
3. 深碗型的設計，適合運用食材堆疊技巧，集中呈現食物
   的精緻與分量。

餐具哪裡買 │ 日本進口

材料 │ 鮪魚、明蝦、玉筍萵苣、海苔、山葵、辣椒。

作法 │ 鮪魚切片放入盤內，續擺入切塊明蝦，一旁放入玉筍萵苣與海苔、芥末，搭配紅蘿蔔絲
即可。

淺色霧盤印襯留白效果

Head Chef Kai Ward
MUME

巧克力、香蕉和花生

食器特色：

1. 帶有米色低調特質的食器，帶有些許復古與工業風的氣質。

2. 盤緣具有咖啡色細緣，具有類似畫框般緊縮擺盤視覺的效果。

3. 朦朧的霧色盤面，適合表現大片留白的擺盤，可純粹以食器材質襯托留白效果。

餐具哪裡買｜特別訂製

材料┃花生酸奶醬、巧克力甘納許 Ganache、焦糖花生、栗子餅乾粉、花生粉、烘乾巧克力慕斯、
香蕉冰淇淋、栗子餅乾、巧克力拉糖的糖片。

作法┃將栗子打發再炸過後製成栗子餅乾。

擺盤方法

1

以湯勺取用花生酸奶醬，於盤面左側由上而下畫上
乳白色直線條，將巧克力甘那許 Ganache 擠用點狀
的方式於花生酸奶醬兩側。

2

栗子餅乾粉撒於線條頂端、栗子餅與烘乾巧克力慕
斯交錯疊放於花生酸奶醬汁上。

3

以湯匙盛裝花生粉，運用手指輕敲匙面，將花生粉
均勻薄撒三處，並鑲上兩片巧克力拉糖片。

4

最後將香蕉冰淇淋置於頂端栗子餅乾粉之上，擺盤
即完成。

淺色映襯暖調，
對比冷前菜的味蕾想像

Chef de Cuisine Olivier JEAN
L' ATELIER de Joël Robuchon

經典魚子醬佐燻鮭魚鑲龍蝦巴伐利亞

食器特色：

1. 淺藍色的圓盤食器適用於海鮮料理、或溫度低的前菜，漸層的顏色分布讓盤景視覺效果更加活躍，也具有清涼的心理效果。

2. 食器具有些許高度，能夠提升料理的立體感，並賦予擺盤藝術品展示台般的氣質。

3. 扣除盤緣空間，本食器空間相對顯得稍小，在有限空間中經營比例與層次的設計，亦能讓料理呈現出小巧細緻的精華感。

餐具哪裡買 ｜ Bernardaud

材料｜燻鮭魚片、龍蝦巴伐利亞、白蘿蔔、紅蘿蔔、小黃瓜、魚子醬、芥末醬、橄欖油、西班
牙辣椒粉、金箔

作法｜將生鮭魚片包覆龍蝦巴伐利亞以平捲塑型放入冷凍，取出後將前後兩端斜切。

擺盤方法

1

放入切成三等份的鮭魚鑲龍蝦巴伐利亞，在圓盤中
加入一個三角構圖。

2

蘿蔔配菜填入鮭魚捲的空隙之間，與第一個三角構
圖交錯形成環狀。

3

芥末醬以醬汁瓶滴入不規則大小的圓點，緩和冷暖
色系強調的對比。並加入橄欖油與西班牙辣椒粉。

4

將魚子醬以兩支小湯匙輕壓，塑造類似杏仁的形狀，
堆疊於鮭魚捲上，點綴金箔。配菜蘿蔔上方裝飾小
酸模即完成。

Tips

主要食材的採放射六芒構圖，但點狀芥末醬的畫盤消彌的構
圖的尖銳感，但在畫盤時應掌握分量，以免喧賓奪主。

白盤襯底，
聚焦食材紋理的立體搭配

主廚　林顯威
晶華酒店 azie grand cafe

鴨胸、高麗菜苗、青蒜

食器特色：

1. 白餐具可突顯深色食材料理，操作畫盤時讓醬汁不過於突出，巧妙與盤子相互融合。

2. 淡色的圓形盤，是很基本的盤型，也很容易促成視覺平衡的表現，即便是長方形或點狀的食材，都有助於讓料理擺盤感覺圓融。

3. 食器材質帶有光澤，可與盤中蔬菜紋理做出對比，增添其蔬質之原始面貌。

材料 │ 鴨胸、高麗菜苗、青蒜、焦糖紅酒醬、焦糖奶油醬、香蜂草、酸膜葉、鹽片、黑橄欖粉。

作法 │ 將鴨胸煎熟，兩邊切齊呈現如長條狀，青蒜切成長度比鴨胸略段一些，煎至表面黃金，高麗菜苗烤乾後，即可進行擺盤；此外，料理亦可加入烤麵包片，沾取甜味醬料佐烤鴨胸，化身創意版的北京烤鴨。

擺盤方法

1

在盤中的左方，放入切呈長條狀的鴨胸肉，使其肉面朝上，呈現粉嫩的紅色。

2

取一長條青蒜，將之疊放在鴨胸上，接著在鴨胸肉與青蒜上滴上數滴焦糖紅酒醬，不要讓醬汁流入盤面。

3

盤右空白處，則滴上數滴焦糖奶油醬，於醬上堆放上高麗菜苗，讓視覺看來不至於太過方正，增添畫面張力。

4

最後在青蒜上放上香蜂草及酸膜葉，撒上鹽片及黑橄欖粉，即完成擺盤。

Tips

選用淺面白盤，盤中物可更易展現其粉紅肉質與蔬菜紋理，加上旁側的留白，因此盤中的食材，更能突顯出直線與折線的造型趣味，讓盤面顯得活潑不死板。

透明食器，
呼應原始純粹海味

Chef Owner Angelo Agliano
Angelo Agliano Restaurant

紅魽魚薄片搭配新鮮海膽

食器特色：

1. 透明圓盤特別適合用於海鮮貝類等強調新鮮感的食材。

2. 穿透感會將食材原色清晰顯現，因此在擺盤配色上可更
   加俐落大膽。

3. 盤身遍布同心圓紋理，當映襯有色桌面時，即可在擺盤
   中帶入紋理的線條趣味。

餐具哪裡買 │ 進口餐具行

材料 | 紅鮋魚薄片、新鮮海膽、綜合生菜（綠捲、綠珊瑚、紅球、芝麻葉、西芹菜等）、蔬菜丁（櫛瓜、紅蘿蔔、西芹）、葡萄柚丁、聖女番茄、蝦夷蔥、巴斯特辣椒粉、檸檬茴香蔬菜醬、柳丁油醋、檸檬油醋、橄欖油。

作法 | 將紅鮋魚切薄片置於盤中，搭配檸檬茴香蔬菜醬、鹽及胡椒調味後，可均勻的鋪在紅鮋魚片上。佐以綜合生菜、鹽、胡椒、柳丁油醋、橄欖與聖女番茄，灑上蝦夷蔥及巴斯特辣椒粉，即告完成。

擺盤方法

1

以橄欖油打底，由內圈到外圍以順時針方向，採圓弧形狀層層淋灑。紅鮋魚薄片以切片條狀放置外圍一圈，中間巧妙保有圓心。

2

灑上黑胡椒粉末後，淋之蔬菜與彩椒切丁製成的醬汁，讓半透明的魚薄片多了繽紛焦點。

3

將法國豆切成約三公分置於圓心處，以長夾將切成細絲的綠捲曲生蔬，放置於中輕搓塑形，蓬鬆綿密的交織意象，與緊實的海鮮肉質形成弛張有度的鮮明對照。

4

最後在魚片上加入海膽、橄欖、紅蘿蔔與彩椒，輕灑萬能蔥於周，輔以橄欖油提味，擺盤即大功告成。

(Tips)

海膽置放時將其形塑彎曲，同時以錯落綴放於半透明魚薄片四個方向之上，透過彎曲造型，增加視覺上的層次美感。

妙用透明食器，
刀工色澤現驚喜

副教授　屠國城
高雄餐旅大學餐飲廚藝科

鄉村豬肉凍

食器特色：

1. 小烈酒杯適合使用於一口分量的 finger food，搭配托盤或秀台的使用，簡單製造料理的時尚感。
2. 透明杯器能夠完整呈現食材的色澤與造型，除了裝盛小巧的食物，也可廣泛應用於醬汁與飲品等不同類型的食物。
3. 黑色長盤在此作為秀台，以黑色的重，映襯質地的輕，並有助於食材多樣色彩的跳色。

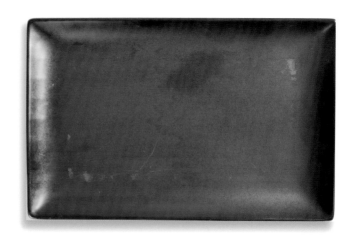

餐具哪裡買｜金如意餐具

材料｜霜降豬、洋蔥、西洋芹、胡蘿蔔、白酒、吉利丁、芹菜葉、炸過的義大利麵、

作法｜以大火煮霜降豬，加入洋蔥、西芹及紅蘿蔔，倒入水後加入調味轉小火，燉煮後豬肉撈起切丁。起鍋煮水至沸騰時，放入剩餘食材，將豬肉丁與蔬菜丁倒入小杯中，加入吉利丁融於湯汁，倒入小杯中冷藏後即完成。

活用色彩的食器搭配法 ｜ Skill 51 透明食器的擺盤

素雅瑰麗，
用透明與金創造高級印象

料理長　羽村敏哉
羽村創意懷石料理

紅喉

食器特色：

1. 想突出料理的色彩表現時，可運用透明的食器，淡化
食器的色彩。

2. 簡單的金色邊緣，一方面可以營造高級、素雅的視覺
效果，金邊也將焦點鎖定碗中，由上往下看時，宛如
畫框般將料理固定中。

3. 透明方碗具有深度，適合使用豐富，或是存在感較為
強烈的食材。

餐具哪裡買 ｜ 日本進口

材料 ｜ 油菜花、紅喉、炒蛋、味噌烏魚子、白蘿蔔泥、陳醋醬。

作法 ｜ 盤內放入油菜花捲，紅喉切塊後，川燙時將皮面朝下，僅燙皮約略個數秒後再燙整塊魚
肉，可使其保持軟嫩不失口感。淋上以白蘿蔔泥、陳醋醬的特調醬料，點綴熟蛋黃碎粒
及味噌烏魚子即完成。

透明密封罐搭配岩盤，
分散單一主體的散落布局

Chef　Fabien Vergé
La Cocotte

巧克力慕絲佐橙漬瑪德蓮

食器特色：

1. 透明密封罐與岩盤搭配應用後，便可建築料理情
   境，在岩盤上加入呼應食材的點綴或其他布局，
   使料理呈現出故事性與趣味感。

2. 熱食或冷食，皆能運用密封罐裝盛，應用上的變
   化度很高。

3. 可直接透視罐中食材，用視覺傳遞料理的涼與熱。

4. 逐層堆疊不同食材，便可呈現出多彩與不同質感
   差異的視覺感受。

材料｜法式 Michel Cluizel 巧克力、巧克力慕絲、橙漬瑪德蓮、可可豆、可可粉。

作法｜巧克力慕絲為店家特製，擺盤時亦可自行換置為冰淇淋、或其他類型的甜點。

擺盤方法

1

巧克力慕絲和橙漬瑪德蓮各擺放於長方岩盤的左右，不受拘束的手灑可可粉和可可豆，填滿岩盤空白處。

2

可可粉為盤景增加細膩的構圖，可可豆的顆粒感則會平衡密封罐巧克力慕絲和橙漬瑪德蓮懸殊的體積，讓整體擺盤的視覺效果更為精美。於密封罐填入巧克力慕絲，份量約九分滿，擺放於岩盤右側，即完成擺盤。

Tips 由於料理被收納在玻璃罐中成為單一主體，因此在擺盤在情境上會比較單薄，此時便可在岩盤上加入設計，在岩盤的左側，放置一份橙漬瑪德搭配慕斯食用，並將可可豆灑落於岩盤空白處。可可豆的分量不須過多，維持可可豆顆顆分明的布局，視覺焦點便不會僅停留在密封罐，讓盤面呈現出散布均衡但又不至於過度聚集的效果即可。

小塊料理的
連續序列鋪陳

主廚　蔡世上
寒舍艾麗酒店 La Farfalla 義式餐廳

海膽干貝佐茴香百香果醋

食器特色：

1. 長方形瓷盤，應用於小型、塊狀食材時，可分隔擺
   放位置，做等比例構圖。

2. 食器外觀質地較為平滑溫潤，搭配表面薄焦的料
   理，更能襯托其內裡軟嫩質感。

3. 食器造型兩側稍高，呈凹字形，亦適合裝盛有湯汁
   的料理。

4. 上下的盤緣空間並能加入畫盤或其他配菜裝飾。

餐具哪裡買│一般餐具行

材料｜ 加拿大干貝、小黃瓜、西洋芹、日本鮭魚卵、魚子醬、百香果醋。

作法｜ 以乾煎手法將加拿大干貝煎至外表微焦、底部墊上小黃瓜及西洋芹切片，以新鮮的日本
鮭魚卵、魚子醬裝飾，再淋上酸甜清爽的百香果醋；百香果醋以新鮮百香果泥為基底，
拌入手作優格、新鮮檸檬汁、茴香、白酒醋、美乃滋調味。

擺盤方法

1

將小黃瓜刨成片後，輕捏塑型，呈現微微隆起的蓬
鬆感，捲曲鋪展於盤面。

2

將干貝煎至微焦處，置於青色蔬菜上方，淋上清爽
的優格後，與百香果醋以湯勺在空白盤面處，酌量
點綴。

3

將海膽與魚子醬層疊於干貝之上。

4

最上層交疊擺放食用花與酸膜，為盤景加入最後的
色彩裝飾，擺盤即告完成。

Tips

小黃瓜片，擺放時可讓捲曲，而不要整齊排列，讓其呈現自
然清爽的蓬鬆感；小黃瓜放置不久後便易出水塌化，但作為
支撐干貝的基底已經足夠，因此不必擔心，基底不穩固。

運用食器本身氣質，
賦予料理傳統情境

主廚　許雪莉
台北喜來登大飯店 Sukhothai

泰式金袋

食器特色：

1. 芭蕉葉型的造型餐盤，具有濃濃泰式風情。

2. 小巧的長盤形體，適合裝盛精緻分量的一口料理；
   有深度的長盤也可裝盛帶有湯汁的食材，應用範圍
   非常廣泛。

3. 盤中段的芭蕉葉梗可引導視覺，如採直線擺盤，也
   具有延伸視覺的效果。

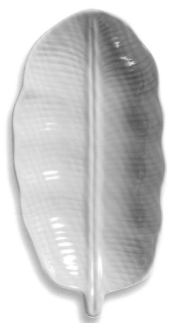

餐具哪裡買 │ 泰國進口

材料 │ 春捲皮、豬肉末、芥藍、泰式梅醬。

作法 │ 以春捲皮包覆豬肉末，並簡單造型後經過酥炸後即可上桌，沾取醬料食用。

特色造型的食器搭配法 │ Skill 52 **長盤的擺盤**

方形對稱結構，
營造豐盛視覺

副教授　屠國城
高雄餐旅大學餐飲廚藝科

無花果佐鴨胸

食器特色：

1. 波浪狀的食器，盤面擺放料理的形狀則為長方形，
  因此在設計食材的造型時可因應食器做變化。

2. 波浪狀的食器帶給人的感覺較為動感活潑，可選色
  調輕盈的配菜映襯主菜。

3. 方形的盤面需注意食材擺放的位置，可用對稱的方
  式擺盤。

餐具哪裡買│金如意餐具

材料│無花果、紅酒、鴨胸帶皮、糖。

作法│鴨胸撒胡椒、鹽，兩面煎上色，放入烤箱烘烤。無花果灑上糖炙燒上色，將鴨胸切成厚
片即成。

利用食器凹凸紋理，
製造純色流瀉效果

西餐行政主廚　王輔立
君品酒店雲軒西餐廳

雞肉慕斯襯繽紛五彩醬

食器特色：

1. 食器特有的自然紋理彷若樹皮般，搭配質地細滑
   的料理，可呈現不造作的新鮮原始風貌。

2. 凹凸紋路，有助固定食材不移位，還可填裝醬汁
   及調味粉，如同附設沾料碟的多功能盤一樣方便

3. 潔白色系可展現多色醬汁的豐沛及繽紛，突顯各
   種醬汁的可口及色澤飽和度。

4. 此盤形有高低起伏，亦可用於盛裝油炸料理，具
   有瀝油的效果。

餐具哪裡買 │ 進口餐具行

材料｜雞胸肉、鮮奶油、蛋白、泰式咖哩醬、泰式酸辣醬、羅勒醬、吉利丁、橄欖粉。

作法｜將雞胸肉、鮮奶油、蛋白等打成慕斯，塑形後蒸八分鐘；將各式醬汁搭配吉利丁片，做
成三色醬汁凍圓片後，即可進行擺盤。

擺盤方法

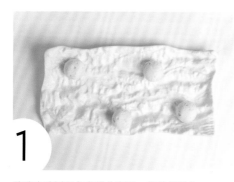

將雞肉球以四角交錯的布局，擺放於盤內。

將三色醬汁凍圓片覆蓋於雞肉球上，擺放時可讓色
彩對稱，維持視覺均衡感。

最後在食器中淋灑少許泰式咖哩醬、泰式酸辣醬與
羅勒醬，讓醬汁在凹槽內自然流動，並局部撒上橄
欖粉即完成擺盤。

Tips

活用食器高低凹陷的特色，讓醬汁帶有不同的造型變化，不
同於畫盤的描繪，此種醬汁呈現的方式更為自然，且具有流
動感，適用於盤面凹凸不平的食器上。

帶有家族記憶，
適合共食的大分量擺盤

Chef Owner Angelo Agliano
Angelo Agliano Restaurant

蛤蠣烏魚子義大利麵

食器特色：

1. 大型湯碗圓幅寬厚，深邃的盤心適宜將食材集中堆高。

2. 由於盤面角幅微微向上拱起，適合聚焦中心的擺盤方式，盤面則以大片無瑕留白作為對應。

3. 主廚表示，少時在義大利，母親總是使用此種大型湯碗盛裝滿滿餡料，全家共同分食；故此種食器亦很適合應用於多人份的親友共食料理。

材料┃洋蔥丁、蒜頭、番茄絲、蔬菜高湯、橄欖油、軟絲、烏魚子粉、香料碎、番茄丁、芥藍、義大利麵。

作法┃先將芥藍切段，川燙後備用，鍋子加熱後放入洋蔥、蒜頭、番茄絲和蔬菜高湯後，將義大利麵放入煮麵鍋煮。將最後將煮熟的義大利麵拌入特調醬料中再煮 1 分鐘，加入軟絲、烏魚子粉和香料碎、番茄丁、芥蘭，最後拌入橄欖油，即告完成。

擺盤方法

義大利麵與鮮蔬拌炒過後，以扁狀長型叉戟將麵體捲鉤而上，再與大匙杓一起盛裝至湯盤的中心位置。

以大匙杓淋灌蔬菜醬汁，汁液隨麵條的曲線紋理中滲入流淌，透出光鮮亮澤感。

運用鑷夾夾取蛤蠣擺放於麵體三角處，角度上略微傾斜；並將烏魚子以嵌入的方式，鑲於麵體立面，最後夾取芝麻綠葉輕綴合映，即告完成！

(Tips)

在擺放蛤蠣時，可讓蛤蠣的肉面朝上，自然展現食材樣貌，擺放時也可保持一定距離，盡可能使其均衡。

碗搭底座，
展繽紛相間四季

行政主廚　蔡明谷
宸料理

四季甜品

食器特色：

1. 造型素雅精緻的日式風格碗，其碗緣並附有缺口，可擺放木匙，很適合裝盛甜品。

2. 除了將碗獨立呈現，亦可將之擺放於壓克力的黑色秀台上，運用加強擺盤的情境感，亦可帶入其他小點的組合。

3. 兩樣式的食器搭配時，亦可加入料理的主體；比如季節性，碗下即可襯墊小方巾，在盤中帶入色彩與圖紋的變化性。

4. 黑色秀台原本是用來放置生魚片的食器，其質感比較亮，具有鏡面反光效果，盛放生鮮食材時，即能表現出鮮美滋味。

餐具哪裡買 ｜ 鶯歌瓷器行

材料｜抹茶及原味寒天、紅豆粒、芒果晶球、生八橋、道明寺紅豆、栗子豆腐、栗子、點綴紫蘇花穗。

作法｜將芒果泥使用分子料理的技術，將之轉換成芒果晶球；將紅豆煮至微爛但仍有顆粒的狀態，以糯米蒸熟風乾製成的外皮包裹紅豆泥，即成為道明寺紅豆，抹茶外皮包裹紅豆泥即為生八橋，牛奶、蛋、吉利丁、栗子熬煮成為栗子豆腐，即可進行備用。

擺盤方法

1

在碗中依序放入抹茶寒天、原味寒天，並疊上一層紅豆泥。

2

在紅豆泥上方加入一顆芒果晶球，在芒果晶球上插入一頁薄荷葉點綴後，從碗側倒入椰奶豐富甜品的口感。

3

將紅豆甜品，放置在秀台的後方後，秀台前的中央，再斜擺上一只道明寺紅豆捲。

4

最後在秀台的右側交錯堆疊放上兩捲八生橋；左側放上栗子豆腐，豆腐在加入栗子，並於道明寺紅豆捲上點綴紫蘇花穗，即完成擺盤。

Tips

鋪放抹茶與原味寒天時，分量約一比一，抹茶口味在下，原味在上，更可突顯上端續放的紅豆泥與芒果晶球之色彩。更重要的是，在鋪放紅豆時，量不可過少，需要做出與芒果晶球約略相同的凹槽，便於盛裝其圓形體，避免滾動造成晶球破損。

以拔高均衡下凹，
菜葉垂落的自然氣息

主廚　徐正育
西華飯店 TOSCANA 義大利餐廳

爐烤長臂蝦襯西班牙臘腸白花椰菜

食器特色：

1. 白色具有簡約乾淨的氣質，可降低食器存在感，
讓食材顏色得以突顯及發揮。

2. 下凹式的湯盤設計，可輕鬆做出畫面層次感，如
搭配不規則形體食材，可簡單呈現立體對比的效
果。

3. 下凹湯盤亦適合盛裝帶有濃厚醬料的料理，有助
穩定食材且不易移動及流瀉。

材料｜長臂蝦、西班牙臘腸、番茄、酸豆、皇帝豆、白花椰菜、火腿、雞湯、風乾干貝片、高麗菜。

作法｜將長臂蝦去殼後烤熟備用，再將西班牙臘腸、番茄、酸豆混合熬煮成醬汁待用，另起一鍋將白花椰菜、火腿、雞湯混合熬煮後打成泥狀，即可進行擺盤。

擺盤方法

1 於盤中挖上一球白花椰菜泥，再用湯匙於盤周畫上一圈白花椰菜泥醬汁。

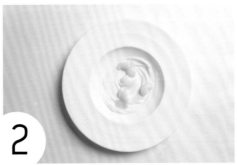

2 將炒過的皇帝豆錯落擺放於盤中醬汁上。

3 疊上數小球西班牙臘腸燉物，再以燉物為底，以不同方向放入長臂蝦。

4 最後於蝦上插入烤乾的高麗菜片、風乾干貝片及烤乾的白花椰菜薄片，交錯擺放出高低層次感。

Tips

插入高麗菜片、風乾干貝片及白花椰菜薄片時，遵守著前低後高的原則，適度露出空隙中的長臂蝦，才能做出漂亮的立體變化感。

素雅貝殼食器，
跳色襯托盤中麗景

西餐行政主廚　王輔立
君品酒店雲軒西餐廳

水牛乳酪慢烤番茄襯中東鷹嘴豆

食器特色：

1. 模擬貝殼般的特殊造型碗，素雅精緻，搭配海味
   料理並可賦予擺盤故事性。
2. 碗內雖為斜面，但因表面有淺淺凹痕，有助固定
   食材不位移。
3. 碗面大，其凹陷紋理，在填裝醬汁時，亦可營造
   線條感，讓食器白顯得更有層次。

餐具哪裡買 ｜ 進口餐具行

材料｜水牛乳酪、番茄、中東鷹嘴豆、香料油、橄欖油、食用花、羅勒、現磨黑胡椒。

作法｜將番茄風乾對切，鷹嘴豆打成泥備用，水牛乳酪裝入氮氣瓶內，即可開始進行擺盤。

擺盤方法

於盤中線偏右上方，擠出裝入氮氣瓶中的水牛乳酪慕斯。

於水牛乳酪的外圈淋上香料油及橄欖油，左側排入切片朝上的風乾番茄使其呈傾斜線條。

在盤緣右斜下方，抹上一杓鷹嘴豆泥，製造出血般的效果。

最後於蕃茄側邊點綴羅勒及食用花，撒上現磨黑胡椒，提升細節感即完成擺盤。

（Tips）

由於此料理元素單純，因此番茄切面朝上，以豐富視覺素材，而最後加入的黑胡椒時，卻要避免直接灑在水牛乳酪上，一來可讓食用者自行斟酌口味輕重，二來可不覆蓋乳酪本身，做出顏色上的層次感。

以蛋代酒的
雪莉酒杯擺盤應用

主廚　詹昇霖
養心茶樓

梅子糖心蛋

食器特色：

1. 雪莉酒杯深度與口徑較為小型，適合運用於糖心
   蛋等點心類料理的擺盤應用。
2. 酒杯的玻璃材質能表現出料理的層次堆疊，視覺
   上更加精緻。
3. 金屬盤具有光影折射效果，帶有時尚感，很適合
   派對時使用。

餐具哪裡買 ｜ 昆庭

材料｜ 鴨蛋、紫蘇梅、紫蘇梅醬、糖、白醋、醬油。

作法｜ 滾水放入帶殼鴨蛋煮 6 分鐘後取出，浸泡冷水並去殼，再以醬油醃漬 10 分鐘，即可食用。

擺盤方法

取海菜放入雪莉酒杯，分量約九分滿，作為糖心蛋的底座。

海菜上方堆疊半顆糖心蛋，蟹膏般橙色的蛋黃朝上擺放。將小黃瓜切圓片再切半，插立於糖心蛋黃，同時擠入紫蘇梅醬。

將雪莉酒杯擺上長方形金屬盤的左側，並運用造型長竹籤串起糖心蛋與海菜，如此一來食用時較為方便。

金屬盤右側加入三顆紫蘇梅為配菜，並層疊為金字塔造型，透過梅子的視覺觀感打開食客味蕾。

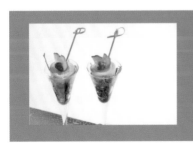

(Tips)

在製作此類一口吃料理時，如能善用竹籤或叉子等方便飲食的思考，在擺盤上將會更受歡迎。

酒杯掀蓋，
幻化浪漫花園的晨霧面紗

行政主廚　蔡明谷
宸料理

鮮蝦採食櫻花香氣

食器特色：

1. 擺盤趣味在於煙霧效果的浮現，使用透明白蘭地
   杯，一方便可讓煙燻效果完整呈現，餘煙繚繞的晨
   霧，也可緩緩飄散於食器之中，不至於快速消散。

2. 透明白蘭地杯盛裝，可應用在沙拉概念的料理，具
   有清涼沁心的視覺感受。

3. 除了視覺上的煙霧效果之外，香氣為其擺盤特色，
   白蘭地杯加上蓋子後有助於保留香氣，也方便食用
   者品嚐前可先聞香。

餐具哪裡買 ｜ 俊欣行

材料｜水果醋凍、湯葉、馬糞海膽、草蝦仁、紫蘇花穗、紫蘇芽、菊花瓣、木之芽、魚子醬、
　　　櫻花木屑。

作法｜將蝦子燙熟、櫻桃蘿蔔切成薄片，即可進行擺盤。

擺盤方法

1 在白蘭地酒杯中先鋪上一層水果醋凍，接著加入白
草蝦仁泥，並在左側放入一只立著的草蝦。

2 接著在草蝦右側放上並排的海膽，並放上一小片櫻
桃蘿蔔片於蝦子一旁點綴。

3 在表面點綴紫蘇芽、紫蘇花葉及菊花瓣、木之芽、
魚子醬，讓酒杯中呈現出多種色彩細節的組合。

4 最後將櫻花木屑以煙燻器做出煙霧效果，灌入白蘭
地杯中，蓋上蓋子封存香氣。

（Tips）
灌入煙霧後，可先將酒杯蓋起，上菜
時再將杯蓋掀開，避免煙霧散去。

淺鍋擺盤易展
食材滿盛風景

主廚　連武德
滿穗台菜

絲瓜野百菇

食器特色：

1. 大面積淺鍋，因此只要加入大量食材，便可簡單形塑豐富滿盛的擺盤效果。

2. 鍋底稍淺，因此方便食材倚靠立起，不致塌軟於盤中，適合有立體感的表現。

餐具哪裡買│昆庭

材料 | 絲瓜、蛤蜊、百菇、小蝦皮、薑絲

作法 | 絲瓜去皮切薄片，小蝦皮以豬油爆香，將所有備料放入鍋中，加入鮮高湯即可。

擺盤方法

1

將絲瓜剖成兩半後分別切片，以寬約五公分為一等分，在圓形盤面一共放置九等分，餘量鋪置於食器中心。

2

於圓心中央的絲瓜上放置薑絲與百菇。

3

百菇與絲瓜的中間，擺上一圈蛤蠣，蛤蠣開口扇形朝外。

4

澆淋上蝦皮跟豬油熬煮而成的高湯，再灑上橘紅色枸杞於淺鍋內，做最後的裝飾點綴。

(Tips)

在擺放絲瓜時，讓絲瓜片依立，排列出放射線般的階梯狀；中央裝填其他食材時盡可能呈現滿盛的效果，讓盤飾具有視覺張力。

厚實鑄鐵鍋，
散發料理溫潤分量感

Chef　Fabien Vergé
La Cocotte

紅酒燉澳洲和牛頰佐馬鈴薯泥

食器特色：

1. 鑄鐵鍋的造型容易令人聯想長時間燉煮的意象，
   呈現於燉肉料理上更能表現溫馨感。
2. 鑄鐵鍋的材質較為容易保溫。
3. 尺寸大小適用於一人份料理。

餐具哪裡買 ｜ 法國進口

材料｜紅酒、澳洲和牛牛頰、馬鈴薯泥、青豆、小番茄。

作法｜將一大片牛頰肉如紙筒捲起，並以繩子固定後切作圓形塊狀，放入紅酒醬汁燉煮至肉質軟嫩即可，待擺盤使用。

擺盤方法

1

約一湯匙量的馬鈴薯泥放入食器中心，並用湯匙向外畫圓使其平整。

2

於馬鈴薯泥上方放入一塊燉煮多時，口感軟嫩的澳洲和牛頰肉。

3

利用刷子沾上少量橄欖油，輕輕刷塗於牛頰肉表面，看起來更為明亮。

4

澆淋上蝦皮跟豬油熬煮而成的高湯，再灑上橘紅色枸杞於淺鍋內，做最後的裝飾點綴。

(Tips)

燉煮牛頰肉的紅酒醬汁加入青豆與小番茄熬煮，澆入牛頰肉與馬鈴薯泥上方，分量約鑄鐵鍋一分滿即可。

樸質食器，
提升擺盤精緻韻息

料理長　五味澤和實
漢來大飯店弁慶日本料理

煮物

食器特色：

1. 此食器可於下方進行加熱，讓料理邊煮邊吃，保
   持最適享用溫度。

2. 自然手感的樸實造型，搭配日本語及漢字密佈之
   圖樣，展現十足的亞洲風情。

3. 大地色系可融入主食材牛肉之中，強調與醬汁融
   合的濃郁鮮甜。

餐具哪裡買｜進口餐具商

材料｜ 厚切牛肉、豆腐、蒟蒻絲、蔥、山椒粉、醬汁。

作法｜ 將以山椒粉調味的醬汁備好，牛肉及蔥經熬煮備用，再將豆腐表面炙烤後，即可進行擺
盤。

特色造型的食器搭配法 ｜ Skill 56 有圖紋的食器

運用食器圖紋，
配襯單一主食料理

主廚　許雪莉
台北喜來登大飯店 Sukhothai

泰式香料烤雞腿

食器特色：

1. 大面積的立體花紋圖樣，造型素雅清新，搭配簡單平實的食材，有助帶來盤景變化。

2. 大圓盤形體，如裝盛大小份量的料理皆合宜，小份量的料理可將食材集中盤上方擺放既可突顯紋飾。

3. 中間低側邊高的盤型，可裝盛帶有湯汁的料理，應用範圍廣泛。

餐具哪裡買｜泰國進口

材料｜雞腿肉、大蒜、黑胡椒、香茅、泰國醬油、魚露、辣椒、粉炒米、紅蔥頭、檸檬汁、糖、醋、香菜、紅蘿蔔。

作法｜先將雞腿肉以大蒜、黑胡椒、香茅、泰國醬油醃製一個晚上，放入烤箱烤半小時，搭配主廚自製的泰式鹹辣醬與泰式甜醬即告完成。軟嫩即可，待擺盤使用。

特殊紋理的食器，
呼應食材多樣質地

主廚　林凱
漢來大飯店東方樓

香煎百花刺參

食器特色：

1. 大面積的圓盤，適合擺放呈現單一主題，突顯
   食材存在感的料理。
2. 白色圓盤能使食材原色清晰顯現，盤緣並有紋
   理，有助聚焦盤面中央主食。
3. 盤面邊緣呈放射狀的紋理，無須畫盤，即具有
   盤飾效果。

餐具哪裡買 ｜ Legle

材料｜刺參、香菜根、乾蔥末、金華火腿末、有機嫩豆腐、新鮮手剁蝦漿、鹽巴、羅勒醬、綠捲鬚、辣椒絲。

作法｜將豆腐抹乾及壓碎，加入食材及調味拌勻，將刺參中間部分以刀劃開裝填入豆腐，下鍋煎熟，起鍋調味擺盤即可。

擺盤方法

在圓盤中央平整鋪上綠捲鬚，保持一定的厚度。

將炸過的刺參擺放在綠捲鬚上方。

使用羅勒醬點綴盤面，黑的加入，對比出輕鮮的綠意。

最後將適量的辣椒絲擺放於刺參上拉高整體高度，在配色上則呈現漸層般的美感，產生巧妙的互動性。

Tips

由於刺參具有不規則造型，放入盤中很容易歪斜，因此需要先墊襯綠捲鬚，或可先把刺身的底部削平，確定擺盤的穩定性。

海鮮食材與藍紋圓盤的
裡應外合

主廚　許漢家
台北喜來登大飯店安東廳

主廚特製海鮮盤佐香柚凍

食器特色：

1. 藍色花紋相當適用於海鮮食材的主題料理，容易令人聯想海洋的景象。

2. 圓盤外圍鑲嵌藍色花紋以及盤內的金色邊框，提供一般料理缺乏的色彩元素。

3. 大尺寸有圖紋的食器，如搭配多樣食材便簡單提升盤景的豪氣，也很適合應用於多人分享的料理。

餐具哪裡買 ｜ 一般餐具行

材料 | 明蝦、鮑魚、炙燒鮪魚、燻鮭魚、干貝、鮭魚卵、柴魚凍、牛血葉、酸模、紅生菜、食用菊花瓣、珠蔥、烤乾橄欖、紅胡椒皮。

作法 | 明蝦、干貝、鮑魚洗淨清燙，鮪魚採炙燒烹調並切片，鮭魚燻製後切片，連同生菜食材待擺盤使用即可。

擺盤方法

1

將明蝦對等切半交疊於圓盤中心定位，鮑魚、炙燒鮪魚、燻鮭魚、干貝維持間隔依序排放於明蝦周圍，完成五角形構圖。

2

海鮮食材間隔內排入柴魚凍，增加盤景亮度，並預留盤景中心擺放生菜。

3

干貝上輕放鮭魚卵。盤景中心鋪入綠色生菜，並將紫紅色生菜蓬鬆地疊放於上，淋上香柚醋醬，讓顏色產生明顯對比，呼應圓盤外圍的藍色圖紋形成外柔內剛，視覺效果更加舒服。

4

最後於食材外圍輕灑少量的食用菊花瓣、珠蔥、烤乾橄欖以及紅胡椒皮等佐料，點綴盤景，一道豪華海鮮擺盤便完成。

Tips

運用有花紋鑲邊的圓盤時，可順應圖紋，將食材取五角形構圖。最後在食材與紋飾之間加入少許色彩的點綴，更可讓色彩變化更為飽滿順暢。

皇室庭園般綺麗的
華麗擺盤

副教授　屠國城
高雄餐旅大學餐飲廚藝科

美食家華麗冷盤

食器特色：

1. 圓盤周邊帶有花卉圖案，呈現古典優雅的氣質。

2. 粉紅色的花卉配色柔和，花卉以外的背景圖紋則
   具綜合了淺灰綠等不同色彩，食器本身的即具多
   種細節。

3. 食器本身的圖案與色彩非常強烈，由於食器本身
   圖紋已很複雜，在進行畫盤與色彩點綴時，則需
   避免產生違和感。

餐具哪裡買 ｜ 金如意餐具

材料 | 菠菜汁、雞蛋、低筋麵粉、紅酒田螺、茉利菇鑲鵝肝、牛高湯凍、煙燻鮭魚、帕瑪火腿、哈密瓜、奶油乳酪、Fill 皮、干貝、櫛瓜、苦苣、蘿蔓、綠捲鬚。

作法 | 菠菜汁調味後入鍋煎成菠菜薄餅，包入紅酒田螺備用。碳烤櫛瓜與煎熟的干貝以百里香串成干貝塔。奶油乳酪以義大利香料調味，包入 fill 皮，折成三角形，烤至金黃色酥脆即可。莉菇以牛高湯燉煮至入味，填入鵝肝醬，將蔬菜拌入橄欖油醋，放入盤中即可。

擺盤方法

1 將番茄、芝麻葉等生菜擺放於帶有柔和花卉圖案的圓盤中央，堆疊出角錐狀的高度。

2 接著在生菜周圍，圍繞擺放煙燻鮭魚捲、菠菜田螺包、干貝塔、茉利菇鑲鵝肝、帕瑪火腿，以及哈密瓜球等食材。

3 在茉利菇鑲鵝肝旁加入牛肉高湯凍，豐富口味與色彩變化。

4 最後將金箔灑在鮭魚捲上，並放上三角卷，擺盤即告完成。

Tips

擺盤順應食器紋飾，取五角形構圖擺放多種食材，由於食器本身已具有美麗花飾，盤內亦使用繽紛色系的食材作為呼應。

應用食器既有圖案
取代畫盤美感

料理長　羽村敏哉
羽村創意懷石料理

烤胡麻豆腐

食器特色：

1. 漆器材質能襯托食材質感，彷彿無形間打上一層自然光。

2. 直接利用食器上的線條圖案，取代醬汁畫盤，可達到近似的視覺效果，但呈現上則又更加簡潔雅致。

3. 中間深、四邊高的盤型，適用於盛裝湯汁不外露。

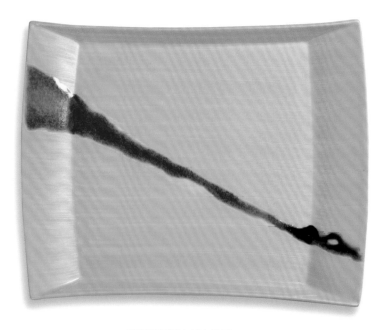

餐具哪裡買｜日本進口

材料｜水、葛粉、胡麻醬、秋葵、海膽、山葵、櫻花葉。

作法｜以六比一比例的水與葛粉混合胡麻醬熬煮四十分鐘，成形後經烤，則成為烤胡麻豆腐。
將其放置於櫻花葉上，再放上新鮮海膽，疊上剁碎秋葵，淋上勾茨後的日式醬油，覆蓋
上櫻花葉後即完成，沾取山葵食用。

擺盤方法

把盤中的線條圖案當作參考線，在其上方放入一片
櫻花葉，接著疊放一塊胡麻豆腐。

在胡麻豆腐上方疊放上五片海膽，鋪滿胡麻豆腐。

海膽上方，再疊上一層剁碎秋葵。

從上方澆淋上日式醬汁，使醬汁自然流動，量不需
過多。接著將櫻花葉覆蓋在食材上方，並在盤飾線
條的右下方放上山葵即告完成。

(Tips)

以櫻花餅為發想概念，上下以櫻花葉包裹，除了賦予淡雅香
氣之外，更讓掀蓋子享用時，多了興奮和期待感。

順應食器造型，
簡單表現立體盤景層次

主廚　許漢家
台北喜來登大飯店安東廳

海鮮派佐龍蝦醬汁配胡麻風味鮮蔬

食器特色：

1. 具波浪造型的下凹白盤，外形曲線的幅度
   小，線條柔和，可搭配帶有海鮮食材料理。

2. 盤中為正圓形，空間充裕，擺盤時的構圖變
   化不受侷限。

3. 雖具特殊造型，但不致過分花俏，除了西餐
   料理，此食器也可應用於中餐，十分實用。

餐具哪裡買｜昆庭

材料 | 菠菜葉綠素醬汁、紅甜菜醬汁、紅甜椒醬汁、龍蝦醬汁、海鮮派、香菇、四季豆、胡麻醬。

作法 | 白色海鮮凍取干貝和魚漿以調理機打成泥、過篩後於以塑型；綠色海鮮凍則是將干貝魚漿加入菠菜再次攪拌後，塑型而成。

擺盤方法

利用紅甜菜、菠菜、紅甜椒醬以醬汁瓶在圓盤內，三色依序相等間隔滴出環狀。

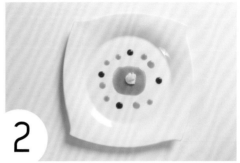

環狀三色醬汁中心，放入一小球馬鈴薯泥並鋪平，作為固定主菜海鮮派的基座。三色醬汁與馬鈴薯泥之間加入一圈龍蝦醬汁。

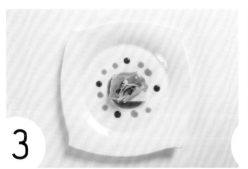

置入海鮮派於圓盤中心的馬鈴薯泥上方，並在頂層放入切成長條狀的香菇、四季豆等當季鮮蔬。

最後淋上胡麻醬提味即告完成。

Tips

此類食器盤緣升起，但盤中下凹，擺盤時可加入立體堆疊的效果，呈現上下起落的節奏。

有深度湯盤食器，
強調中央焦點效果

Chef de Cuisine Olivier JEAN
L' ATELIER de Joël Robuchon

炙燒鮑魚綴南瓜慕斯及洋蔥卡布奇諾

食器特色：

1. 食器本身具有漩渦般的波紋，逐漸向盤中前進，具有視覺上的流動感。

2. 中央下凹的部分具有深度，提供大面積的盤面留白。

材料｜炙燒鮑魚、南瓜慕斯、洋蔥卡布奇諾、天婦羅、芝麻葉、蒔蘿。

作法｜天婦羅粉加水調勻於烤盤紙畫出水滴狀，灑上胡椒與辣椒，炸至雙面金黃，冷卻後剝離完成使用。洋蔥清炒後加入蔬菜高湯煮至軟爛，將洋蔥撈棄僅留下洋蔥汁，加入奶油製作成泡沫狀，製成洋蔥卡布奇諾。將南瓜切半以錫箔紙包覆後放入烤箱烤製；取出後加入塊狀奶油與鮮奶油打勻混和成濃湯，打發製成南瓜慕斯；將帶殼鮑魚清洗後放入冷清水煮至小滾，移開火爐後包覆保鮮膜使其悶煮至水降溫變冷，去殼以奶油煎至薑與蝦夷蔥入味即告完成。

擺盤方法

在湯盤的盤面以醬汁瓶描繪出南瓜的圖案，呼應食材；並於盤內放入南瓜慕斯，份量大約覆蓋住圓盤中心即可。

炙燒鮑魚順著食材纖維斜切三塊，浸入南瓜慕斯，淋上薑與蝦夷蔥烹調後的奶油。

以湯匙輕輕的在南瓜慕斯上放入兩球洋蔥卡布起諾，擺放位置在鮑魚兩側。並斜插入天婦羅片，創造構圖盤景的立體高度。

利用蒔蘿和芝麻葉造型看似海藻的特性，作為擺盤裝飾，搭配鮑魚此一海鮮食材創造海洋裡海藻飄搖的意象。

（Tips）

由於食器具有深度，因此擺放在圓盤中心的食材，可以讓它稍高、色彩鮮明，或加入材質特色以營造焦點，讓整體盤景顯得更有精神！

三角對稱，
低中高變化擺盤層次

主廚　蔡明谷
宸料理

霜燙奶油龍蝦

食器特色：

1. 帶有紋理的三角盤，可以拉出視覺上的三點對稱，讓畫面能平衡且有張力。

2. 盤子帶有半透明材質，適合搭配海鮮或冷菜的料理。

3. 運用三角造型食器，可將把擺盤焦點置於中央，讓其距離食用者較遠，稍近的兩角，則可擺放其他前菜或其他佐料，從前至後暗示食用的重要性與順序。

餐具哪裡買｜昆庭

材料｜ 龍蝦、生菜、馬鈴薯泥、龍蝦醬汁、魚子醬、茗荷絲、香草類生菜、鮭魚卵、櫻桃蘿蔔。

作法｜ 將龍蝦肉取出，水中加入大量奶油，蝦頭煮熟，龍蝦肉切片川燙，開始進行龍蝦塑型。利用圓形模具外圍交疊貼上小黃瓜薄片，將黃捲生菜以手塑形為圓形體放入中央，上層鋪放上紫色生菜，最後塞入燙熟龍蝦肉，淋上龍蝦醬汁，即可進行擺盤。

特色造型的食器搭配法 ｜ Skill 57 特別造型食器

模擬生活情境的
雪茄菸灰缸擺盤

Chef Clément Pellerin
亞都麗緻大飯店巴黎廳 1930

特製鴨肝醬佐龍眼糖衣

食器特色：

1. 主廚本身有抽雪茄的興趣，因此搭配巴黎廳 1930
   早期實際使用的雪茄煙灰缸進行擺盤。

2. 使用實際的煙灰缸作為食器，擺盤的設計上就要
   使更料理貼近主題，在有限的盛盤空間中，表現
   出雪茄、煙灰的情境。

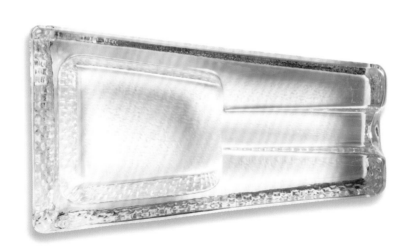

餐具哪裡買｜巴黎廳 1930 訂製的雪茄煙灰缸

材料｜鴨肝、龍眼、樹薯粉、竹炭粉、葡萄籽油。

作法｜煙灰粉末作法是將龍眼殼泡入葡萄籽油，再與樹薯粉混和調製，最後加入竹炭粉調配出
淺灰色，模仿雪茄菸灰。雪茄則是以龍眼糖衣塑型，再注入鴨肝醬製作而成。

炊煙陣陣，
臨場感十足的食器擺盤秀

主廚　徐正育
西華飯店 TOSCANA 義大利餐廳

巴羅洛酒桶木煙燻美國乾式熟成老饕牛排

食器特色：

1. 以可呈現燻烤炊煙的網架取代餐盤，讓效果於上桌
   時顯現，增添臨場感。

2. 透過網架的擺盤方式，加深肉品煙燻、燒烤的印
   象，視味合一，極具特殊魅力。

餐具哪裡買 | 進口餐具商

材料 | 美國乾式熟成牛排、牛肉醬汁、海鹽、小番茄、小紅蘿蔔、紫萼。

作法 | 將美國乾式熟成牛排烤至三分熟後備用，將小番茄、小紅蘿蔔、紫萼烤熟後，與牛排進
行擺盤；底部以燻烤的方式呈現。

特色造型的食器搭配法 ｜ Skill 57 **特別造型食器**

揚起風帆，
航向新鮮頂峰的海之小船

料理長　五味澤和實
漢來大飯店弁慶日本料理

揚物

食器特色：

1. 如揚起風帆的小船造型，強調食材的新鮮感，為視
   覺帶來具張力的表現。
2. 由於食器本身具有立體提把，擺放簡約食材也能簡
   單呈現立體感。
3. 六角形盤型比起長型盤，更為趣且有變化，與盤中
   圓形揚物共構畫面的協調感。

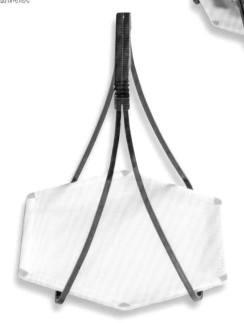

餐具哪裡買｜日本進口

材料｜帆立貝、鯛魚捲、麵扇揚、蔥、柴魚。

作法｜將鯛魚皮包裹現削柴魚、蔥、鯛魚肉泥捲後串起來油炸，即可進行擺盤。

雙層食器，
營造劇場般的生動畫面

副教授　屠國城
高雄餐旅大學餐飲廚藝科

蟹肉蔬菜塔佐雞尾酒醬汁

食器特色：

1. 雙層食器特別適合用於強調主食與配菜的關係，相互襯托。
2. 雙層食器本身即能製造出高低落差的層次美感。
3. 不只是規矩的方盤，雙層食器的上層塑造如同紙張的柔軟感，中間凹陷部分用來擺放食材，擺盤時可以分割出上下不同印象與情境。

餐具哪裡買 ｜ 金如意餐具

材料｜ 蟹肉、紅椒、洋蔥碎、西芹碎、美奶滋、綠萵苣、紅酸模、綠捲鬚、橄欖油醋、雞尾酒醬汁、魚肉凍。

作法｜ 將蟹肉蒸熟，挑肉，拌入美奶滋、洋蔥碎、西芹碎、鹽及胡椒調味。紅椒烤過去皮，與蟹肉一同放入長型模型堆疊，淋上魚肉凍。將配菜拌入橄欖油醋。

擺盤方法

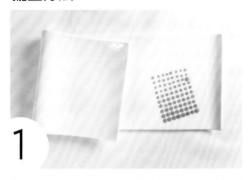

1 將雞尾酒醬汁以整齊並列的方式滴落在雙層食器的下層。

2 將綠萵苣、綠捲鬚等生菜放在雙層盤上的上層，再放入小番茄、 酸膜、金蓮花葉、三色菫、波斯菊花瓣、蝦夷蔥；這時上下層已擁有強烈的對比色調。

3 在醬汁畫盤前方加入紅白相間的蟹肉塔，使其站立於盤中，呼應左側生菜的高度。

4 最後於蟹肉塔上放上紫蘇花瓣點綴，再運用蝦夷蔥交叉裝飾，呈現立體感，翠綠的蝦夷蔥將上下層盤面的整體色調連結在一起，勾勒出綠中帶橘，橘中摻綠的趣味視覺。

Tips

此擺盤的趣味在於，雙層食器本身即具有一定的高度，而蟹肉塔則搭配鮮明紅色的醬汁，讓醬汁像是蟹肉塔的影子一般，製造出一種趣味感。

應用食器與煙霧
模擬臨場料理情境

主廚　詹昇霖
養心茶樓

咖哩燒若串

食器特色：

1. 烤盤作為燒烤料理的食器選配再適合不過，一眼便能瞭解擺盤的重點。

2. 烤盤下層擁有置放內容物的空間，擺盤設計的應用具有更多可能。

3. 食器本身具有一定高度，簡單呈現高聳大器的料理氣勢。

餐具哪裡買｜昆庭

材料┃ 杏鮑菇、酥炸粉、白芝麻、咖哩粉、蠔油、糖、太白粉。

作法┃ 將杏鮑菇切為塊狀以熱水煮 5 分鐘後浸入冷水增加其口感，撈起擠乾多餘水分再度泡入
咖哩粉、蠔油、糖、太白粉等調味料醃漬一天；約三個一串放入油鍋炸至定型，再以咖
哩醬汁烘烤入味即可。

擺盤方法

烤盤內放入些許小石頭與乾冰至九分滿。

加入熱水使煙霧瀰漫，乾冰的效果，同時也呼應了
烤肉的煙霧。

烤盤上方放置 5～6 支烤製完畢的咖哩燒若串，
以金字塔造型堆疊出立體擺放。

於咖哩燒若串頂端灑適量白芝麻，完成此道擺盤。

Tips　除了食器本身以烤盤為造型外，乾冰為此道擺盤技法的一大要點，放入烤盤內加入
熱水才會使煙霧盡顯，而烤盤上頭的燒若串若採平鋪擺放，氣勢上就會感覺稍弱了。

結合透明食器展鮮爽，保持水分不風乾

主廚　林凱
漢來大飯店東方樓

和風親子鮭魚沙拉

食器特色：

1. 以純白瓷器可映襯出生菜與鮭魚的翠綠粉嫩，而透明食器亦可賦予前菜清爽感，兩者創造出一加一大過二的視覺效果。

2. 將紅酒杯做為碗蓋使用，能直接看見生菜的新鮮與質地，並且具有鎖住水分，不讓其與空氣接觸，保持生菜爽脆的重要功用。

3. 不需額外選購附蓋之盤，可利用原有餐具相互搭配，可做出多樣性的豐富組合。

餐具哪裡買│一般餐具商行

材料｜鮭魚片、酸豆、巴薩米克黑醋、綜合生菜、和風沙拉醬。

作法｜將鮭魚片以捲曲的方式捲成鮭魚捲，收口處留些空間擺放鮭魚卵，即可進行擺盤。

擺盤方法

1

在圓形湯盤的盤周右邊使用巴薩米克黑醋以刷子畫盤，再交錯放上酸豆及鮭魚卵。

2

盤中放上鋪滿生菜，以順時鐘螺旋狀，層層疊疊的方式擺放，表面盡可能保持平整，以利後續鋪放操作。

3

將捲曲的鮭魚捲放在生菜正中間，點出視覺的亮點。

4

鮭魚捲收口堆放鮭魚卵，澆淋上和風沙拉醬，最後蓋上紅酒杯擺盤即告完成。

融會大小食器
創造盤景立體感

主廚　許漢家
台北喜來登大飯店安東廳

海洋之舞

食器特色：

1. 小高粱杯適合裝盛少分量的輕食或醬汁，應用於多食器組合的變化，可輕易帶來立體感。

2. 鑲金圈玻璃小杯呈現較為寬幅的口徑，玻璃材質適合搭配剔透的凍醬類食材，表現透光性的視覺效果。

3. 正四方造型白盤，具有俐落工整的視覺效果，利於呈現對稱型的盤景構圖。

材料｜牡丹蝦、紅甘魚、煙燻鮭魚片、生蠔、干貝塔塔、柴魚凍、魚子醬、烏龍茶末、巴薩米克黑醋、檸檬冰沙、檸檬皮。

作法｜干貝塔塔的作法，是以干貝切細丁加夏季松露、洋蔥碎、松露橄欖油及松露醬汁帶出干貝的鮮甜，口感富有嚼勁。

擺盤方法

以方盤四邊的中點為起點，以巴薩米可黑醋畫出漩渦狀的十字曲線。

將紅甘魚捲以小菠菜鋪底排放於方盤右上角；置將干貝塔塔放入高粱杯，放置於左上角；右下角鑲金圈玻璃杯中擺放柴魚凍鋪底的生蠔。

將煙燻鮭魚捲對稱擺放於左下角，並於盤景中心擺放十字交疊的牡丹蝦。

最後在紅甘魚捲頂端放上魚子醬、鑲金圈玻璃杯上方加入檸檬冰沙與檸檬皮、松露刨絲輕灑於干貝塔塔上方，輕灑烏龍茶粉、生菜並淋上主廚招牌特製香柚醬加強色彩層次即告完成。

(Tips)

結合多種食器的技法，通常具有一定的立體高度，故讓鮭魚捲站立，並對稱擺放兩個杯器，維持盤景高度的平衡。

活潑奔放的
多食器混搭表現

主廚　詹昇霖
養心茶樓

脆笛金絲捲

食器特色：

1. 中間下凹的白色圓盤，可集中食材擺放位置，
   並帶出微高低落差的層次變化。

2. 水滴狀中式湯匙，也可當作味碟使用，其流線
   造型能輕易在擺盤中加入現代感。

3. 小透明方杯，由於其深度淺，一般常使用於裝
   盛醬汁或其他小菜。

餐具哪裡買｜昆庭

材料 | 春捲皮、金針菇、紅蘿蔔絲、筍絲、香菇絲、義式甜醋。

作法 | 金針菇、紅蘿蔔絲、筍絲與香菇絲一同以蠔油炒熟後待冷卻，用手工春捲皮將之捲起，油炸成金黃色即可。

擺盤方法

脆笛金絲捲淋上巴薩米克黑醋，以樹枝狀為概念擺入小方杯。

運用刷子於白色圓盤下半部畫出一道竹炭粉美奶滋畫盤，並輕灑少許杏仁粉點綴。

圍繞著白色圓盤上半部擠出四個點狀草莓醬，放上紫高麗菜苗仿作草莓蒂頭，製造完整的草莓形象。

最後將蜂蜜芥末醬放入味碟，以白色圓盤為底盤，將脆笛金絲捲和蜂蜜芥末醬並肩排列放入白盤的竹炭粉美奶滋上方，結合多元食器以及擺盤技法，一道點心也能展現無限趣味。

(Tips)

除了應用三件不同的食器，脆笛金絲捲擺放的位置，亦會影響擺盤的效果；大角度的開展，則可讓整體擺盤看起來更有活力。

不同食器搭配，聯映中西風采

Chef Owner Angelo Agliano
Angelo Agliano Restaurant

酥脆鼠尾草香料羊肩與熱炒高麗菜

食器特色：

1. 螺旋盤紋的墨黑色食器，存在感強烈，亦帶有些許東方氣質。
2. 光滑亮白的小白瓷鍋，視覺較為輕盈。
3. 同時應用較大的黑色鍋具與小巧瓷鍋，區隔主菜與配菜之分別。
4. 兩鍋器置於同一托盤上，可以略為傾斜、互有先後的角度為擺盤增加變化性。

餐具哪裡買 │ 進口餐具行

材料 ｜ 高麗菜、羊肩肉、鼠尾草、起司、茄子泥。

作法 ｜ 將奶油、杏仁粉、鼠尾草、麵包粉、鹽和黑胡椒倒入果汁機中打勻。材料混合完成倒於一平盤中壓平，用圓形模具壓出圓片，即可製成鼠尾草酥皮。，將羊肩肉、起司與酥皮放入烤箱至酥皮濃綠後即告完成。

擺盤方法

將茄泥鋪排墨碗基底。

放上軟嫩羊肩肉。

再羊肩肉上覆蓋起司，白瓷碗可放入熱高麗菜。

將鼠尾草酥皮覆蓋於羊肩肉與起司上後，放入烤箱，將酥皮烤至濃綠上色。

高麗菜可撒入些許蔥碎，亦可呼應鼠尾草酥皮的綠色。

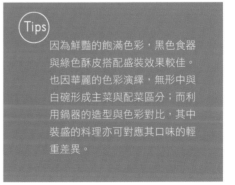

Tips

因為鮮豔的飽滿色彩，黑色食器與綠色酥皮搭配盛裝效果較佳。也因華麗的色彩演繹，無形中與白碗形成主菜與配菜區分；而利用鍋器的造型與色彩對比，其中裝盛的料理亦可對應其口味的輕重差異。

食器富含空間寓意
將味蕾另闢三道格局

Chef Owner Angelo Agliano
Angelo Agliano Restaurant

嫩煎小卷佐鷹嘴豆泥與墨魚醬汁

食器特色：

1. 瓷盤以人字分割，將白瓷盤寫意地劃作三等分區
   塊，其造型彷若學生時期令人懷念的營養午餐
   盤。

2. 分割的主要作用可將主食與不同佐料、配菜隔
   開，方便食用人自行撿擇喜愛的 sauce 沾取搭配。

3. 區塊之間的擺盤雖可各自分別，但仍需注意整合
   彼此調性，可應用色彩或食材相互連結。

材料｜小卷、墨魚醬汁、鷹嘴豆、鷹嘴豆泥。

作法｜將煎鍋加熱，放入小卷將其煎至上色，灑上胡椒和鹽調味後擺放備用。完整的鷹嘴豆加入適量奶油和水，佐以胡椒及鹽調味，最後加入擺盤料理即告完成。

擺盤方法

避免醬色沾染，運用不同湯勺沾取鷹嘴豆、墨魚醬汁與鷹嘴豆泥，以拖曳拉放式將佐料圍塑出長條形狀。而炭墨黑、玉子黃以及結晶豆體，譜寫出多樣化光澤與濃稠質地，令人耳目一新、食指大動。

小捲燒煎至黃褐色後，用長型鑷子夾取章魚腳部，以拆解組構方式放至小管內，外部留有韌質軟鬚，在視覺上仍保有小卷的完整形相。

加上略帶苦味的芝麻葉，為爽脆的海鮮添家風味。

最後灑上橘黃色澤的番茄粉末，突顯增色之餘，亦與嫩煎小捲的酥黃口感相得益彰。

(Tips)

此類食器，除了可以應用在前菜或開胃菜，也可以應用在主餐與配菜的擺盤。不過由於各區塊的空間為等比例，某種程度上擺放的位置已被限制，等於是在單一盤面裡思考三種變化！

食材分開擺放，
突顯料理本身特質

主廚　許雪莉
台北喜來登大飯店 Sukhothai

綠咖哩泰式米線

食器特色：

1. 溫潤綠的食器色系，不論深色或淺色料理，皆可
   簡單搭配，並替料理注入濃郁的傳統泰式氣息。
2. 帶有把手的湯鍋，其溫綠色與素雅簡單的造型，
   自然傳達出溫暖的意象，食器是為亮眼配角，亦
   不搶過湯品本身的焦點。
3. 芭蕉葉小長盤，具有泰國民俗意象，芭蕉葉為泰
   國常見食材，適合盛裝配菜或小點，帶有強烈民
   宿美感。

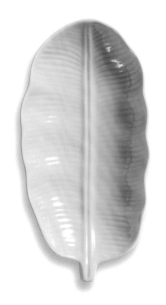

餐具哪裡買 | 泰國進口食器

材料 ┃ 辣椒、香茅、南薑、紅蔥頭、大蒜、蝦醬、椰漿、泰國茄子、九層塔、魚露、牛肉、泰式米線、香菜、芭蕉葉。

作法 ┃ 先將辣椒、香茅、南薑、紅蔥頭、大蒜等香料打碎，加入些許蝦醬拌炒，再與椰漿以小火同煮，放入泰國茄子、九層塔、魚露等醬料提味，最後放入雞肉或牛肉一同熬煮即可。泰式米線川燙後置於旁，待食用時淋上咖哩醬即可。

擺盤方法

1 將燉煮完成的泰式綠咖哩放入綠鍋中，黃綠色調形成一股溫潤的意象。

2 在綠咖哩中心表面以椰漿淋畫出一圈白色線條，並在其中輕放九層塔及辣椒，製造出輕重色彩的變化。

3 最後將燙熟後的泰式米線捲成三球，獨立擺放於墊上芭蕉葉的葉型盤上，迷線上同樣點綴香菜及辣椒跳色，擺盤即告完成！

（Tips）因咖哩本身缺乏視覺重心，故採取食材的分開置放，並以椰漿、九層塔與辣椒突顯焦點，簡單點綴即可帶來料理的精緻感。

以粗糙質地
烘托細嫩食材

料理長　羽村敏哉
羽村創意懷石料理

伊勢龍蝦

食器特色：

1. 日本食器的新風格，帶有濃厚現代感，為視覺營造嶄新氛圍。

2. 深色陶盤其表面具有粗糙溫和的質感，搭配淺色置地細緻的食材，更能襯托料理之美。

3. 盤上線條能讓視覺聚焦，表現料理的立體感及魅力。

4. 中間略凹的盤型設計，裝盛有勾芡高湯的料理時，不易流落晃動，呈現湯汁透明純淨的琉璃質感。

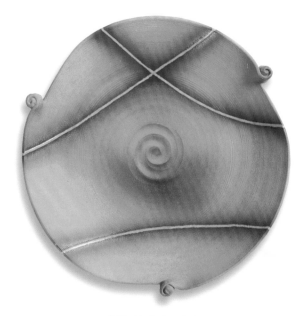

餐具哪裡買｜日本進口

材料｜龍蝦、顏色較淺的高湯、山葵、蟹味噌。

作法｜將龍蝦去殼切塊後，放入顏色較淺的勾芡高湯中燙至全熟（約三分鐘），淋上高湯後放上芥末並撒上柚子皮，最後擺上以蟹膏、蛋白煎過後切碎的蟹味噌即可。

擺盤方法

1

在盤中央以堆疊的方式放入燙熟的龍蝦肉。

2

緩緩澆淋上勾芡高湯後，頂端放上一小團山葵跳色，並撒上柚子皮。

3

最後在頂部放上蟹味噌，則完成擺盤。

Tips

搭配顏色較淺的勾芡高湯，以免改變龍蝦本身原色，且勾芡可抓住凹凸紋理，讓龍蝦口感更軟嫩滑順。

木製食器提升
料理田園氣息

行政主廚　陳溫仁
三二行館

蘆筍蟹肉佐魚子醬

食器特色：

1. 木製食器天然的紋理與色澤也更賦予食物顯得溫潤自然的心理印象。

2 此類食器能在上菜時帶來不同的氣氛，尤其適合盛裝份量小、擺盤精細簡約的前菜或蔬食。

3. 此款食器不規則的形狀，具有原始粗礦的豪邁感，且因為造型較小，在擺盤的應用上較為困難。

餐具哪裡買｜日本進口

材料 | 龍蝦、顏色較淺的高湯、山葵、蟹味噌。

作法 | 將龍蝦去殼切塊後，放入顏色較淺的勾芡高湯中燙至全熟 (約三分鐘)，淋上高湯後放上芥末並撒上柚子皮，最後擺上以蟹膏、蛋白煎過後切碎的蟹味噌即可。

擺盤方法

在盤中央以堆疊的方式放入燙熟的龍蝦肉。

緩緩澆淋上勾芡高湯後，頂端放上一小團山葵跳色，並撒上柚子皮。

最後在頂部放上蟹味噌，則完成擺盤。

(Tips)

搭配顏色較淺的勾芡高湯，以免改變龍蝦本身原色，且勾芡可抓住凹凸紋理，讓龍蝦口感更軟嫩滑順。

原始年輪盛盤，
滿溢自然野味感

主廚　詹昇霖
養心茶樓

咖哩燒若串

食器特色：

1. 年輪圓盤其粗獷原始的質感無須過多裝飾，輕易表現天然野味感。

2. 圓盤於一般構圖上較不受侷限，燒若串與竹葉僅需交叉堆疊即呈現擺盤的完整性。

3. 適合運用於燒烤類的深色料理。

材料 | 杏鮑菇、酥炸粉、白芝麻、咖哩粉、蠔油、糖、太白粉、梅汁蘿蔔。

作法 | 將杏鮑菇切為塊狀以熱水煮 5 分鐘後浸入冷水增加其口感，撈起擠乾多餘水分再度泡入咖哩粉、蠔油、糖、太白粉等調味料醃漬一天；約三個一串放入油鍋炸至定型，再以咖哩醬汁烘烤入味即可。

擺盤方法

1

將長度約為圓盤直徑的竹葉橫擺於年輪中間。

2

取兩支咖哩燒若串與竹葉作交叉構圖，呈現立體高度。

3

於咖哩燒若串灑上白芝麻。

4

以竹籤串起兩顆梅汁蘿蔔，紓解咖裡較為重口味的油膩感。

Tips

取樹木橫切面的年輪造型作為盤面紋飾，在料理下方，再加入一片葉片，不僅可以加強料理的自然氣質，亦有畫龍點睛的色彩效果。

木質食器融會蛋糕，
創造森林系情景

Chef Clément Pellerin
亞都麗緻大飯店巴黎廳 1930

主廚特製黑森林

食器特色：

1. 使用天然的樹皮作為食器，深色且凹凸不平的表面，讓料理充滿了樹木的獷味。

2. 食器表面凹凸，不適合進行畫盤的表現，但有助於固定食材，運用凹凸位置進行堆疊擺放。

3. 表面充滿樹木的自然質理，少分量的擺盤，盤面亦不致顯得太過空洞。

餐具哪裡買｜**特別訂製**

材料｜巧克力慕絲、櫻桃果凍、櫻桃酒冰淇淋、櫻桃乾、杏仁楓糖脆片、巧克力薄片。

作法｜特製櫻桃作法是以 70% 黑巧克力製作成慕絲後，外層以櫻桃果凍包覆完成，待擺盤使用。

擺盤方法

將巧克力慕絲與櫻桃果凍偽裝的特製櫻桃，擺放於木盤左側。

手撕巧克力海綿蛋糕三塊，以特製櫻桃為邊界圍繞成三角形構圖，並以對稱位置擠入櫻桃醬。

運用中湯匙灑入楓糖脆片於海綿蛋糕周圍後，放入三片酸模點綴。

最後在木盤中放入一個卵型的櫻桃酒冰淇淋，並將巧克力薄片同樣以三角構圖的方式擺入，帶入不同造型的食材，且呼應樹皮質感，即完成擺盤。

漆器襯出光澤，
打造藝術品料理

料理長　羽村敏哉
羽村創意懷石料理

柚子豆腐

食器特色：

1. 漆器食器帶有光澤元素，可映襯食材輪廓，增添
   高級感。

2. 裝盛湯品或冬天食材時，可恰如其分地賦予料理
   自然暖意。

3. 搭配淺色食材更添其色澤，色彩對比可帶出宛如
   藝術品般的半透明光感。

餐具哪裡買 │ 日本進口

材料│ 柚子豆腐 (水、葛粉、柚子皮)、馬頭魚、蘆筍、鰹魚高湯、柚子皮。

作法│ 柚子皮放入以五比一調和而成的水與葛粉中攪拌，約略成形後，以保鮮膜包裹，入鍋內
蒸透備用。搭配川燙後的馬頭魚，放上蘆筍絲後淋上高湯即可。

不同材質的食器搭配法 ｜ Skill 64 竹籃的擺盤

瓷竹共室，
新舊交揉的餐桌風景

主廚　許雪莉
台北喜來登大飯店 Sukhothai

椰香糯米球

食器特色：

1. 竹籃常用於盛裝小點心或傳統料理，能夠有效地使料理帶有樸素與復古的氣質。

2. 竹籃下方可在搭配一個稍大的有色瓷盤，透過兩種食器的組合，讓上桌時擺盤的分量感顯得更為飽滿。

3. 淡黃色的瓷盤同樣具有傳統民俗氣息，並可簡單適合搭配多色的料理，讓擺盤整體表現出淡雅清新的形象。

餐具哪裡買｜泰國進口

材料｜糯米粉、南瓜、白芋頭、芭蕉葉、椰糖、椰子肉、椰子粉。

作法｜外皮三色共分為三種口味，第一款黃色是以糯米粉揉入蒸熟的南瓜肉，而白色是將蒸熟的白芋頭揉入糯米粉中，最後的綠色是以打成汁的芭蕉葉上色，內餡則以椰糖及椰子肉煮滾後，包裹入餡，外層滾上白椰子粉即可。

富有大地意象，
輕鬆跳色的食器應用

行政主廚　陳溫仁
三二行館

地瓜乳酪佐抹茶冰淇淋

食器特色：

1. 由於此料理主題為地瓜，搭配呼應大地質理的岩
   盤，在意象上頗為契合。

2. 不規則的食器表面，帶有粗獷感。

3. 黑色可與食材互為對比，跳色容易。

餐具哪裡買｜俊欣行

材料｜地瓜泥、紅綠色脆餅、奶油起司醬、抹茶冰淇淋、巧克力餅乾粉、草莓。

作法｜將台灣黃地瓜烤熟後加入糖與奶油調奶油攪拌為泥狀，再以手捏塑型成球狀。將加入奇異果泥、抹茶粉、覆盆莓與話梅的麵糊，加入葉片型的模具烤成餅乾後，即製成葉片脆餅。

擺盤方法

在岩盤中央取對角線，以 8 字法順著對角線的偏側在岩盤上擠出起司醬，此為醬料基座，完成後的線條會使岩盤分為兩個區塊。

將地瓜泥球放在奶油起司醬的左右側，三球在概念上連成一直線，不須追求絕對的整齊，草莓亦以同樣方式交錯置放。

紅、綠葉片脆餅交錯插入奶油起司醬或地瓜泥上，讓葉片脆餅的擺放，表現得有「向上長」的自然態勢。在以湯匙將巧克力粉集中灑於岩盤上方留白，並放入 2 ～ 3 塊葉片脆餅平衡盤內構圖。

最後在巧克力粉上放入抹茶冰淇淋，即大功告成！

Tips

以八字法擠出的起司醬，一方面是為了增加面積，以穩固黏著地瓜球、草莓、脆餅等食材；此外也可以增加擺盤中的線條變化！

突顯岩盤材質，
對比色彩、質地與造型

主廚　詹昇霖
養心茶樓

翡翠炒飯

食器特色：

1. 不規則造型的灰白岩盤食器，具有細膩溫潤的日式和風氣質，能夠簡單改換料理面貌。

2. 食器以灰色為主要色調，冷熱料理皆可搭配應用。

3. 如料理主體的色彩不夠強烈，與灰色相襯時，擺盤容易沒有焦點，因此色彩的跳色即是應用此食器時需考量的重要因素。

餐具哪裡買│昆庭

材料｜高麗菜絲、青江菜絲、紅蘿蔔丁、香菇丁、玉米筍丁、素火腿丁、白飯。

作法｜將所有食材放入鍋裡拌炒後即告完成。

擺盤方法

1 利用圓筒模具將炒飯塑形為圓柱狀。

2 共作兩份，一橫一豎擺放於不規則岩盤中央。

3 將炒好的蛋白置入炒飯上方，稍作堆高處理。

4 切成細絲油炸後的青江菜絲展現蓬鬆感，繼續堆放於蛋白上方，藉由青綠色創造視覺焦點，最後點綴枸杞與竹葉，強化東方氣質同時跳色。

（Tips）
岩盤食器為不規則狀，故將炒飯塑形，對比圓滑與粗獷，青江菜切絲經過油炸烹調為蓬鬆樣，同樣對比滑嫩的蛋白，最後則是應用枸杞的紅與竹葉的綠，在色彩上進行對比。

黑底襯鮭魚，
造型與色調的對比意趣

副教授　屠國城
高雄餐旅大學餐飲廚藝科

鮮烤鮭魚佐咖啡乳酪醬

食器特色：

1. 深色食器特別適合用於需要展現鮮明色澤的食
   材。

2. 岩盤的質地不僅增添整體擺盤的精緻度，更提
   昇整體主題情境。

3. 岩盤的粗獷質感，能夠映襯或是對比食材特
   質，彩度高的料理能夠更顯清晰。

餐具哪裡買｜金如意餐具

材料｜鮮鮭魚、拿鐵咖啡、切達乳酪片、鮮奶油、蜂蜜、干貝、鹽、胡椒。

作法｜將鮭魚、干貝撒上鹽、胡椒、檸檬汁、白酒，用奶油煎上色備用。把拿鐵咖啡加鮮奶油、切達乳酪片隔水加熱至融化，最後加入蜂蜜做成醬汁即告完成。

擺盤方法

1

將魚形的碳烤鮭魚放在黑色圓形岩盤的中央，並堆疊上一顆干貝。

2

將香葉芹放在干貝上，增加主食的虛實變化。

3

依序將秋葵、紅蘿蔔、玉米筍、鷹嘴豆等配菜對稱擺放在碳烤鮭魚周圍的空間，並放上食用花瓣裝飾。干貝旁並斜靠切達乳酪片，營造出立體結構。碳烤鮭魚周圍則淋上咖啡乳酪醬汁。

4

最後在岩盤上方的空白處，加入兩塊環狀的紅椒粉畫盤，以鮮豔紅色帶出變化，擺盤即告完成。

擺盤創意的靈感泉源

Angelo Agliano Restaurant
Chef Owner Angelo Agliano

台北市大安區忠孝東路四段 170 巷 6 弄 22 號
02-2751-0790

L' ATELIER de Joël Robuchon
Chef de Cuisine Olivier JEAN

台北市信義區松仁路 28 號 5 樓
02-8729-2628

La Cocotte
Chef Fabien Vergé

台北市大安區金山南路二段 13 巷 20 號
02-3322-3289

MUME
Head Chef Long Xiong、Richie Lin、Kai Ward（圖左至右）
台北市大安區四維路 28 號
02-2700-0901

花椰菜 P34、P228 ／牛小排 P54、260 ／紅甘魚 P88、P110 ／番茄 P106、P282 ／巧克力、香蕉和花生 P304、P340

三二行館
行政主廚 陳溫仁
台北市北投區中山路 32 號
02-6611-8888

鹿野玉米雞及鴨肝佐香蔥紅酒汁 P66 ／甜菜麵佐菠菜海鮮醬 P154 ／紅甜蝦佐黑蒜泥 P232 ／紅鯔魚佐蟹肉及魚子醬 P238 ／龍蝦沙拉 P264 ／紅甜蝦佐黑蒜泥 P300 ／蘆筍蟹肉佐魚子醬 P318、P410 ／地瓜乳酪佐茶冰淇淋 P338、P418

台北威斯汀六福皇宮
頤園北京料理
主廚 李湘華
台北市中山區南京東路三段 133 號 B2 樓
02-8770-6565

風花雪月糖醋排 P58 ／芥末白菜墩 P104 ／官府濃汁四寶 P114 ／康熙雞裡蹦 P120 ／生菜鴨鬆 P172 ／大漠孜然銷香排 P196 ／拔絲地瓜 P222 ／清宮祕醬龍蝦球 P234 ／三品前菜 P314

台北喜來登大飯店
Sukhothai
主廚 許雪莉
台北市中正區忠孝東路一段 12 號
02-2321-1818

宮廷酸甜楊桃豆沙拉 P74 ／鳳梨炒飯 P116 ／香蘭葉包雞 P166 ／香茅蝦 P208 ／泰式炸蝦捲 P252 ／泰式金袋 P354 ／泰式香料烤雞腿 P375 ／綠咖哩米線 P406 ／椰香糯米球 P417

台北喜來登大飯店
安東廳
主廚 許漢家

台北市中正區忠孝東路一段 12 號
02-2321-1818

草莓卡士達千層 P56 ／巧克力珠寶盒，香草冰淇淋 P164 ／小龍蝦酪梨沙拉佐核桃醬汁 P206 ／南瓜黃金燉飯，慢燉杏鮑菇，海苔酥 P286 ／香煎澳洲和牛肋眼牛排 P294 ／烤西班牙伊比利豬菲力，清炒野菇，法國芥末籽醬汁 P296 ／春季鮮蔬海鮮交響曲 P330 ／主廚特製海鮮盤佐香柚凍 P378 ／海鮮派佐龍蝦醬汁配胡麻風味鮮蔬 P384 ／海洋之舞 P398

羽村創意懷石料理
料理長 羽村敏哉

台北市南港區經貿二路 66 號 b 室
02-2785-2228

牛肉 P84 ／鮮蝦可樂球 P98 ／干貝真丈湯 P184 ／玉筍萬莒明蝦 P212 ／Takiyawasez P230 ／剝皮鱔魚 P266 ／鮪魚明蝦 P339 ／紅喉 P349 ／伊勢龍蝦 P408 ／柚子豆腐 P416

西華飯店
TOSCANA 義大利餐廳
主廚 徐正育

台北市松山區民生東路三段 111 號
02-2718-1188

巴羅洛酒桶木煙燻美國乾式熟成老饕牛排 P32、P390 ／水牛乳酪襯櫻桃蕃茄及醃漬櫛瓜 P90 ／嫩煎北海道鮮干貝襯鴨肝及南瓜 P148 ／頂級美國生牛肉薄片襯帕馬森起士冰淇淋及芥末子醬 P220 ／舒肥澳洲小牛菲力佐鮪魚醬 P262、272 ／爐烤長臂蝦襯西班牙臘腸白花椰菜 P306、P362 ／波士頓龍蝦襯烏魚子及酪梨 P324

君品酒店
雲軒西餐廳
西餐行政主廚 王輔立

台北市大同區承德路一段 3 號 6 樓
02-2181-9999

脆皮乳豬佐醃漬香草蘋果 P28 ／炭烤無骨牛小排佐肉汁 P40 ／北海道干貝與龍蝦泡沫 P72 ／奶油起司甜菜餃 P76 ／紫蘇巨峰夏隆鴨 P248 ／綠蘆筍冷湯佐帝王蟹沙拉 P254 ／香煎海鱸，鮮蝦襯珍珠洋蔥 P310 ／比目魚甘藍慕斯 P334 ／雞肉慕斯襯繽紛五彩醬 P356 ／水牛乳酪慢烤番茄襯中東鷹嘴豆 P364

亞都麗緻集團
麗緻天香樓
主廚 林秉宏

台北市中山區民權東路二段 41 號
02-2597-1234

西湖醋魚 P44、P274 ／龍井蝦仁 P198

亞都麗緻大飯店
巴黎廳 1930
Chef Clément Pellerin

台北市中山區民權東路二段 41 號
02-2597-1234

小麥草羔羊菲力搭新鮮羊乳酪 P78 ／北海道鮮貝冷盤 P256 ／洛神花、松露鴨肝 P308 ／特製鴨肝醬佐龍眼糖衣 P389 ／

南木町
主廚 楊佑聖

桃園縣桃園市中寧街 17 號
03-346-5280

低溫分子櫻桃鴨 P38 ／季節水果盤 P48 ／低溫熟成羔羊排 P94 ／優格干貝水果塔 P136 ／低溫分子蒜鹽骰子牛 P146 ／鮭魚親子散壽司 P158 ／造身 P168 ／熔岩胡麻巧克力 P180 ／日式盆栽胡麻豆腐 P244 ／焰燒鮭魚握壽司 P320

宸料理
行政主廚 蔡明谷

台北市信義區基隆路一段 159 號
02-2765-7688

櫻花和牛 P60 ／酥炸鱈場蟹佐芒果醬汁 P100 ／慢火烤伊比利亞豬 P112 ／海膽礒昆布山藥抹茶麵 P174 ／軟絲涓流 P188 ／三色細麵 P190 ／麒麟甘雕 P210 ／四季甜品 P360 ／鮮蝦採食櫻花香氣 P368 ／霜燙奶油龍蝦 P388

高雄餐旅大學
餐飲廚藝科
專任副教授 屠國城

鄉村豬肉凍 P50、348 ／西洋梨牛肉腐衣包 P178 ／番紅花洋芋佐帕瑪火腿乾 P186 ／威靈頓豬菲力佐紅酒醬汁 P194 ／炭烤菲力牛
排佐紅酒田螺 P276 ／紅酒西洋梨佐鴨胸 P290 ／葡萄干貝冷湯 P302 ／脆皮菠菜霜降豬佐椰奶醬汁 P332 ／無花果佐鴨胸 P355
美食家華麗冷盤 P380 ／蟹肉蔬菜塔佐雞尾酒醬汁 P30、P392 ／鮮烤鮭魚佐咖啡乳酪醬 P422

寒舍艾麗酒店
La Farfalla 義式餐廳
主廚 蔡世上

台北市信義區松高路 18 號
02-6631-8000

清蒸黃金龍蝦搭配義式手工麵餃海鮮清湯 P68 ／栗子燻鴨濃湯佐帕馬森起司脆片 P70 ／低溫爐烤鴨胸搭鴨肝襯洋梨佐開心果醬 P118 ／
爐烤特級菲力佐蜂蜜鴨肝醬、油封胭脂蝦佐羅勒米型麵 P142 ／鮭魚卵蒸蛋佐杏桃雞肉捲 P160 ／栗子蒙布朗巧克力慕斯佐香草柑橙醬
P176 ／經典義式開胃菜 P298 ／義大利乳酪拼盤 P326 ／焗烤波士頓龍蝦襯費特西尼寬扁麵 P336 ／海膽干貝佐茴香百香果醋 P352

晶華酒店
azie grand cafe
主廚 林顯威

台北市中山北路 2 段 39 巷 3 號
02-2523-8000 #3157

農場番茄、番茄湯、蘿勒油、干貝 P36 ／鮪魚、鮮蔬生菜、鱈場蟹肉、核桃湯 P214 ／豬里肌、薯泥、蘆筍、青蒜、羅馬花椰菜、玉米筍、
碗豆莢、香料生菜、橄欖油、紫蘇葉 P246 ／牛菲力、玉米、醃漬蘑菇、義式風乾火腿、芝麻葉、迷你菠菜、波特酒醬 P270
明蝦、羊肚蕈、野菜沙拉、黑松露 P312 ／鴨胸、高麗菜苗、青蒜、焦糖紅酒醬、焦糖奶油醬、香蜂草、酸膜葉、鹽片、黑橄欖粉 P344

滿穗台菜
主廚 連武德

台北市松江路 128 號
02-2541-2020

芭樂蝦鬆 P26 ／水果斑魚排 P46 ／奇異果生蠔 P108 ／玉環干貝盅 P132 ／蓮霧鮮蝦球 P140 ／百香果蟹肉塔 P162 ／烏魚子拌軟絲
P182 ／薑蔥大卷 P268 ／干貝芥蘭 P280 ／絲瓜野百菇 P370

漢來大飯店
弁慶日本料理
料理長 五味澤和實
高雄市前金區成功一路 266 號 10 樓
07-213-5731

蒸物 P92 ／醋物 P96 ／燒物 P170 ／造身 P240 ／八吋 P258 ／吸物 P333 ／煮物 P374 ／揚物 P391

漢來大飯店
東方樓
主廚 林凱
高雄市前金區成功一路 266 號 12 樓
07-213-5732

松露干貝佐鵝肝圓鱈 P52 ／黑蒜翠玉鮑魚 P102 ／黑蒜肥牛粒 P138 ／伊比利豬火腿佐鮮起司 P152 ／炭烤法式羊小排 P242 ／燕窩
釀鳳翼 P288 ／香煎百花刺參 P376 ／和風親子鮭魚沙拉 P396

漢來大飯店
國際宴會廳
品牌長 羅嶸
高雄市左營區博愛二路 767 號 9 樓
07-555-9188

黃燴海皇蒸年糕蛋白 P82 ／蒜香蟹柑伴西施 P224

養心茶樓
主廚 詹昇霖
台北市松江路 128 號 2 樓
02-2542-8828

豆酥白衣捲 P80 ／翡翠炒飯 P128、P420 ／松子起司鮮蔬捲 P150 ／玉葉素鬆 P156 ／千絲豌豆仁 P322 ／梅子糖心蛋／ P366
咖哩燒若串 P394、P412 ／脆笛金絲捲 P400

超詳解實用料理擺盤大全
職人必修的觀念、技法、食器運用指南

作者	La Vie編輯部
攝影	張明曜
封面設計	東喜設計・謝捲子
美術設計	東喜設計・謝捲子、唯翔工作室
責任編輯	葉承享
特約編輯	何芳慈、周培文、黃靖崴、陳筱茜、楊喻婷

發行人	何飛鵬
事業群發行人	許彩雪

出版	城邦文化事業股份有限公司　麥浩斯出版
E-mail	cs@myhouselife.com.tw
地址	104 台北市中山區民生東路二段141號6樓
電話	02-2500-7578

發行	英屬蓋曼群島商家庭傳媒股份有限公司城邦分公司
地址	104 台北市中山區民生東路二段141號6樓
讀者服務專線	0800-020-299（09:30～12:00；13:30～17:00）
讀者服務傳真	02-2517-0999
讀者服務信箱	Email:service@cite.com.tw
劃撥帳號	1983-3516
劃撥戶名	英屬蓋曼群島商家庭傳媒股份有限公司城邦分公司
香港發行	城邦（香港）出版集團有限公司
地址	香港灣仔駱克道193號東超商業中心1樓
電話	852-2508-6231
傳真	852-2578-9337
馬新發行	城邦（馬新）出版集團 Cite（M）Sdn. Bhd.（458372U）
地址	11, Jalan 30D / 146, Desa Tasik, Sungai Besi, 57000 Kuala Lumpur, Malaysia
電話	603-90563833
傳真	603-90562833

總經銷	聯合發行股份有限公司
電話	02-29178022
傳真	02-29156275
定價	新台幣 550元／港幣183元

2021年3月2版10刷・Printed in Taiwan

ISBN：978-986-408-042-7

國家圖書館出版品預行編目資料

超詳解實用料理擺盤大全：職人必修的觀念、技法、
食器運用指南 / La Vie 編輯部作. -- 初版. -- 臺北市：
麥浩斯出版：家庭傳媒城邦分公司發行, 2015.05
　　面；　公分
ISBN　978-986-408-042-7（平裝）

1. 烹飪

427.32　　　　　　　　　　　　　　　104007804